中国传统民居系列图册

陕西民居

《陕西民居》编写组

张璧田　刘振亚　主编

U0210135

中国建筑工业出版社

总　序

　　20世纪80年代，《中国传统民居系列图册》丛书出版，它包含了部分省（区）市的乡镇传统民居现存实物调查研究资料，其中文笔描述简炼，照片真实优美，作为初期民居资料丛书出版至今已有三十年了。

　　回顾当年，正是我国十一届三中全会之后，全国人民意气奋发，斗志昂扬，正掀起社会主义建设高潮。建筑界适应时代潮流，学赶先进，发扬优秀传统，努力创新。出版社正当其时，在全国进行调研传统民居时际，抓紧劳动人民在历史上所创造的优秀民居建筑资料，准备在全国各省（区）市组织出书，但因民居建筑属传统文化范围，当时在全国并不普及，只能在建筑科技教学人员进行调查资料较多的省市地区先行出版，如《浙江民居》、《吉林民居》、《云南民居》、《福建民居》、《窑洞民居》、《广东民居》、《苏州民居》、《上海里弄民居》、《陕西民居》、《新疆民居》等。

　　民居建筑是我国先民劳动创造最先的建筑类型，历数千年的实践和智慧，与天地斗，与环境斗，从而创造出既实用又经济美观的各族人民所喜爱的传统民居建筑。由于实物资料是各地劳动人民所亲自创造的民居建筑，如各种不同的类型和组合，式样众多，结构简洁，构造合理，形象朴实而丰富。所调查的资料，无论整体和局部，都非常翔实、丰富。插图绘制清晰，照片黑白分明而简朴精美。出版时，由于数量不多，有些省市难于买到。

　　《中国传统民居系列图册》出版后，引起了建筑界、教育界、学术界的注意和重视。在学校，过去中国古代建筑史教材中，内容偏向于宫殿、坛庙、陵寝、苑囿，现在增加了劳动人民创造的民居建筑内容。在学术界，研究建筑的单纯建筑学观念已被打破，调查民居建筑必须与社会、历史、人文学、民族、民俗、考古学、艺术、美学和气象、地理、环境学等学科联系起来，共同进行研究，才能比较全面、深入地理解传统民居的历史、文化、经济和建筑全貌。

其后，传统民居也已从建筑的单体向群体、聚落、村落、街镇、里弄、场所等族群规模更大的范围进行研究。

当前，我国正处于一个伟大的时代，是习近平主席提出的中华民族要实现伟大复兴的中国梦时代。我国社会主义政治、经济、文化建设正在全面发展和提高。建筑事业在总目标下要创造出有国家、民族特色的社会主义新建筑，以满足各族人民的需求。

优秀的建筑是时代的产物，是一个国家、民族在该时代社会、政治、经济、文化的反映。建筑创作表现有国家、民族的特色，这是国家、民族尊严、独立、自信的象征和表现，也是一个国家、一个民族在政治、经济和文化上成熟、富强的标帜。

优秀的建筑创作要表现时代的、先进的技艺，同时，要传承国家、民族的传统文化精华。在建筑中，中国古建筑蕴藏着优秀的文化精华是举世闻名的，但是，各族人民自己创造的民居建筑，同样也是我国民间建筑中不可忽视和宝贵的文化财富。过去已发现民居建筑的价值，如因地制宜、就地取材、合理布局、组合模数化的经验，结合气候、地貌、山水、绿化等自然条件的创作规律与手法。由于自然、人文、资源等基础条件的差异，形成各地民居组成的风貌和特色的不同，把规律、经验总结下来加以归纳整理，为今天建筑创新提供参考和借鉴。

今天在这大好时际，中国建筑工业出版社出版《中国传统民居系列图册》，实属传承优秀建筑文化的一件有益大事。愿为建筑创新贡献一份心意，也为实现中华民族伟大复兴的中国梦贡献一份力量。

陆元鼎

2017 年 7 月

前　言

　　传统民居扎根于自然，孕育于民俗，土生土长，具有朴实、浓郁的地方特色。由于能就地取材，充分发挥建筑材料的特性，因而取得了技术与艺术的统一。它们之中确有不少"有法又无法"、"师古不拟古"的优秀范例。无疑是我国建筑文化中的一笔重要遗产，也是我们取之不尽的建筑创作源泉。

　　地处我国腹地的陕西，乃是世界历史名城、我国著名古都——长安的所在地。早在唐代，它是"丝绸之路"的起点，为沟通中西人民的友谊、促进彼此的文化交流作出了贡献。陕西东西窄，南北长（南北纬度相差8°），形成了三个自然条件明显不同的区域，即关中平原、陕南多山区和陕北黄土高原。由于自然条件的不同，各区民居在建筑布局、空间处理、建筑造型上各有特色，我们作了分别调查与分节撰写。

　　早在20世纪50年代，西安冶金建筑学院建筑系南舜薰、李树涛、黎方夏等老师曾组织过陕南民居调查组，利用假期对略阳、城固、石泉、汉阴、旬阳、安康等地进行了广泛的民居调查，并整理了一份《陕南民居调查报告及图集》。20世纪70年代末我系侯继尧老师又涉足陕南考察与调研民居，并撰写了《陕南民居》一文。这四位老师对陕南民居做了大量工作。1983年中国建筑工业出版社约请我们编写《陕西民居》，我们又重新组织了人力分别去关中、陕南、陕北等地进行多次补充调查。当我们于1984年再去陕南调查时，发现五十年代搜集到的一些优秀实例许多已荡然无存。考虑到它们的史料价值，我们还是把它们收编在内，以供参考。

　　《陕西民居》的编写，是在多年较广泛地对陕西省二十多个市、县、镇、村的民居作了调查，并在原有《陕南民居》调查的基础上进行撰写的。全书分工如下：

主　编：张璧田　刘振亚

第一章　　　　　　　　　　　　　张璧田　刘振亚

第二章 刘振亚

第三章第一节 李惠君 刘舜芳

第二节 侯继尧 张璧田

第三节 郑士奇

第四节 刘舜芳

第四章 刘舜芳

第五章第一、二、三、四、五、六、七、九节 张璧田

第八节 吴 昊

与《陕西民居》编写的前期工作有关的主要有黄民生、南舜薰、李树涛、黎方夏、侯继尧等同志，后期的调查和编写工作主要由张璧田、刘振亚、刘舜芳、李惠君、郑士奇等同志负责。

建筑学1983级、1985级学生在王军老师指导下曾参加了部分测绘工作。参加绘图工作的有刘振亚、南舜薰、侯继尧、王治毅、刘绮、王泉、滕小平、郑犁、袁南、石小炼等。烟台大学建筑系陈浩凯老师参与了照片放大的指导工作。

在收集素材与调查测绘过程中，曾得到陕西省建设厅农房处、陕西省文化局、韩城市及地、县有关单位、当地人民的大力协助，特此致以谢意。

由于时间、条件、水平所限，错误难免，望读者指正。

西安冶金建筑学院《陕西民居》编写组

1989 年 12 月

目 录

第一章

概　述

图 1-1　陕西地区民居类型示意图

陕西省地处我国中部，位于东经105°29'~111°15'，北纬31°42'~39°25'之间，大部分属于黄河流域，它历来是我国东部与西北、西南地区联系的交通要地，也是著名的古丝绸之路起点。全省地形东西狭窄、南北特长，纵深870公里，跨8个纬度，由关中盆地、陕南秦巴山区与陕北黄土高原构成三个各具特征的自然区。由于自然条件、社会经济发展水平、地方建筑材料与生活习惯等不同，这三个地区的建筑布局与风格各有特色。关中夏季炎热，冬季较冷，民居的特点是庭院南北较长，以免日晒。陕南多雨、夏季湿热，院门居中者较多，以利庭院通风，有的庭院做成半开敞式，大部分农宅不设院墙。陕北黄土层厚、雨量少、冬季严寒，木材缺乏，生活比较贫困，历来的民居以生土窑洞居多，一般民居特点是墙厚，外部封闭以御风沙严寒，院落宽大以利冬季日照，大门偏设以减小穿堂风。

从地缘关系看，陕西民居又受到外省民居的影响，例如陕西西北部靠近黄河流域的地区受山西民居风格的影响，特别是陕北的神木与关中的韩城两个县，在旧社会乃山西商贾云集之地，有的就在当地建房安家落户。陕西南部的汉江流域，由于明清年间水路交通发达，与湖北的商业往来频繁，长江的船只可以直通安康，在安康当地流行

一副对联："财通银海三千里，利贯金城百万家"（注：金城即指安康）。湖北商贾在这里建房设立商号，因此汉江下游城镇传统民居与湖北民居有着密切的血缘关系。陕南的汉中地区，特别与四川接壤的地域，四川移民较多，因此当地的民居又融合着四川民居的某些特色（图1-1）。

一、关中地区的自然概况与民居特点

陕西省地区总的特点是南、北高中部低。中部为关中盆地，海拔320~800米左右。同时地势由西向东倾斜的特点很明显。

关中盆地地处秦岭山地的北侧，北界"北山"，东起潼关港口，西迄宝鸡峡，东西长约360公里，历代称谓八百里秦川，东宽西窄，地势平坦，海拔322~600米。渭河横贯中部，渭河以南的平原地区的民居，以木构架、土坯墙、夯土墙、砖墙为主要材料的单层坡屋顶建筑为主。在台塬断续分布处也有少量生土窑洞民居，多半用于存放蔬菜、瓜果及柴草，一般不作居住之用。渭河北岸二阶台地的后缘，分布着东西延伸的黄土台塬，北接陕北高原南缘的山地，黄土层厚由十多米至百余米，塬面广阔，

一般海拔为 460～850 米。塬上的一般民居与塬下相同。在平原与台塬接壤处，台塬拔地而起，由于黄土质地坚硬，平原与塬地几乎成 90° 而不塌，多数民居就在向阳的塬壁上开挖窑洞；有的因地就势，背靠塬壁把生土窑洞与石砌窑洞或一般民居组合成院落（图 1-2）。

关中盆地的年平均温度为 12°～13.6℃，属暖温带。四季分明，冬夏较长，春秋气温升降急骤，夏有伏旱，秋多连阴雨。西安市是本省夏季高温中心之一。东至潼关，西至宝鸡，其温差相差无几。无霜期 207 天。年降雨量 604 毫米，雨量集中在 7～9 月。近年来冬季及夏季平均气温有逐步上升的趋势。从历史记载及现存民居的形式与布局看，还是属于北方类型。民居的坡屋面形式以硬山居多，瓦屋面只做仰瓦，平面布局与构架举折与北京民居类同。由于夏季酷暑，因此较多的宅院在平面布局上采用南北窄长的内庭，使内庭处在阴影区内，以求夏季比较阴凉（图 1-3）。

图 1-2　四合院式窑洞民居速写（渭北）

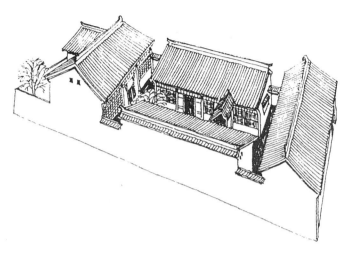

图1-3 关中典型的四合院民居（西安）

二、陕南地区的自然概况与民居特点

陕南秦巴山地，海拔多在1000～3000米；关中以南的秦岭山区，两山夹一川的地势结构十分突出，山坡北陡南缓，山势巍峨壮丽。大巴山走向西北东南，高出汉江谷地1000～1500余米。大巴山北侧诸水流入汉江。汉江上游系峡谷深涧，形成许多山间的"小坝子"，地形平坦，农田、村镇较为集中。但人口多、耕地少，在修筑房屋时尽量想方设法少占耕地，因此这里的建筑布局多半是因地就势，依山傍水。在没有铁路的时代，这一带交通主要靠汉江水运，因之集镇主要分布在沿汉江及其支流的两岸。由于汉江在潮汛季节，如遇暴雨山洪，水位暴涨，易酿成水灾，因此集镇一般选择在较高处（图1-4）。选择在河谷处的城镇需修建城堤，陕南安康县城即为一例。

图1-4 旬阳县城关速写

宁强、南郑、西乡、镇巴和镇平等县境内的山地由石灰岩组成。汉江横贯于秦岭、巴山之间，勉县以上，流经低山丘陵地区，由勉县武侯镇至洋县龙亭铺为汉中盆地，长约 100 公里，宽约 5 ~ 25 公里，是汉江冲积平原，地平土肥，灌溉便利，为陕南的"粮仓"。这里人口集中，村镇密集，布局紧凑。

陕南的汉中盆地，由于秦岭的屏阻，寒潮不易侵入，夏秋季节暖湿气流可到达这里，年降雨量 890 毫米，夏秋多雨，春冬偏旱，无霜期 238 天，显示着亚热带温热湿润气候的特色。安康盆地的气候与汉中盆地类同。由于该地区雨水较多，陕南民居借助于挑檐梁，檐口出挑深远，有的达 1 米以上。有的楼房在分层次作腰檐，类同南方民居，以保护墙面不受雨淋。由于不考虑防寒，瓦屋面只铺冷摊瓦，有的民居上部阁楼裸露木构架，填以竹笆或木板，在竹笆上漫草泥刷白灰浆，石砌勒脚，形成鲜明的陕南民居的造型特色（图 1-5）。

图 1-5　略阳城关某宅

三、陕北地区的自然概况与民居特点

陕北高原一般海拔在 900 ~ 1500 米之间，是我国黄土高原的主要组成部分。地势西北高、东南低。除长城沿线风沙带和部分山地外，大部分为厚 50 ~ 150 米的黄土层所覆盖。由于土层厚、土质坚、雨量少，因此为建设生土窑洞创造了自然条件。

在长城沿线风沙地形区以南，主要是塬、梁、峁、沟壑等黄土地形。其中，延安以北是以峁为主的地峁梁沟壑丘陵区，绥德、米脂一带最为典型。延安、延长、延川地区是以梁为主的梁峁沟壑区。以上两地区梁峁与沟壑面积各占一半。由于特定的地形、地貌、土质与气象等条件，这一带的民居以生土窑洞为主（图 1-6）。

陕北高原的全年平均气温为 8.5 ~ 12.0℃，长城沿线地区只有 7.8 ~ 8.5℃，是全省低温中心。榆林地区的极端最低气温达 -32.7℃。陕西气候干燥，长城沿线的年降雨量只有 340 ~ 450 毫米，是该省降雨最少的地区，无霜期陕北最短，约 150 ~ 195 天，日照时数以陕北最多，达 2500 ~ 2900 小时。

由于陕北地区的地形及气候特点，陕北人乐于居住窑洞，冬暖夏凉；一般普通民居具有北方民居的特色，布局紧凑，院落封闭，墙身厚实，坡屋面只做仰瓦，出檐较小，出墙做硬山处理。

图 1-6 米脂县山村速写

四、陕西省的地方建筑材料与民居的关系

陕西省三个地区共同的建筑材料有木、石、砖、石灰、苇箔、苇席等。木材主要有松、杉、桦木、核桃木、梨木、槐木、桐木等。松木种类主要有油松、华山松、马尾松。陕南盛产竹材，因此陕南民居对竹材的应用比较广泛。

陕西省的土壤，大部分地区均适宜于夯筑。因此，民居中夯土墙及土坯墙占的比重很大，尤其在关中、陕北及陕南的石泉、汉阴、汉中、城固、洋县、南郑等县，因土质好，生土的应用更为普遍。这类夯土墙、土坯墙多年后拆旧换新，成了优质的农家肥。

陕西省的煤矿资源丰富，现有 8 个煤田，111 个井田的勘采区，主要分布在陕北和关中北部，加上有丰富的黄土资源，因此，陕西省各城市、县、镇的砖瓦均可就地生产。由于陕西烧窑的历史悠久，砖瓦的质量好，砖雕在民居中应用甚广。砂、卵石产地分布也很广。石板、石块主要产于陕南及陕北地区。石板用作屋面（图1-7），石块、石条用作砌墙、铺路，多见于秦巴山区的民居，陕北近年来石砌窑洞也很普遍。

随着生产、生活的进展，砖瓦大量生产，钢筋混凝土预制构件在民居中的大量应用，在当代民居中砖已全部代替了土坯墙、夯土墙、木板墙、竹笆草泥墙。以钢筋混凝土预制板代替了木屋架与瓦屋面。砖雕、木雕等传统手工装饰在当代民居中几乎绝迹。城市式单调的小洋楼像雨后春笋般地矗立起来。如何在今后村镇建设中继承传统民居优秀遗产，这是当前值得研究的课题。

图1-7　旬阳山区石板房

五、陕西省的社会历史与民居的关系

陕西是中华民族远古文化的摇篮，地处黄河中游，气候温和，土地肥沃，自古就有原始先民在这里生息、繁衍，成为人类起源的重要地区之一。远古时期，陕西境内居住着许多不同的原始部落，传说中的部落酋长炎帝和黄帝就活动在姜水、姬水流域，即今渭河上游及陕北高原上。在我国历史上有周、秦、汉、唐等十一个王朝建都于陕西，历时长达一千余年。大齐（黄巢）、大顺（李自成）农民起义政权在这里建立。因此，西安成为我国六大古都中建都时间最长的古都。它是周、秦、汉、隋、唐时期全国政治、经济、文化的中心。特别是在唐代，社会经济的发展在中国历史上出现了一个高潮，当时，陕西作为全国政治、经济、文化、交通的中心，更是气象一新。唐代都城长安（今西安）是一个拥有近八十万人口的大城市，不仅成为全国的中心，而且也是世界有数的大都会之一，它作为丝绸之路的起点，沟通南亚、非洲、欧洲，因而，它也是国际政治、经济、文化的中心之一。

陕西社会经济的发展，带来了文化领域的繁荣。在继承前人文化遗产的基础上，吸取了各族及友邦文化的有益部分，创造了灿烂的唐代文化。在工程技术、文学艺术等各个方面都取得了巨大的成就。唐代的建筑，筑路、造船等工程技术有新的发展。从唐长安城与兴庆宫、大明宫建筑群空前雄伟的规模与造型可见一斑。唐代建筑曾对日本建筑产生重大影响。当时的建筑巨匠阎立德、阎立本兄弟独具匠心、构思机巧，曾为长安城建设作出重大贡献。他们是长安外郭城、翠微宫、玉华宫的设计人。唐长安建筑之雄伟及规模之宏大是空前的。当时的长安是全国优秀建筑工匠荟萃之地，对以后的陕西民居建设产生深远的影响，反映在陕西地区的深宅大院布局的严谨、正统的做工、精美的装修、精选的材料。但随着岁月的变迁，目前保留下来的民居大院，大部分是清末或民国初年的，明代的已较少。

为数众多的农宅是农村工匠或有条件的农民自己动手修建的住宅，这些农宅虽然受到经济条件及农村有限物质条件的限制，但都能因地制宜，就地取材，民居建筑地方色彩浓郁，与自然环境浑然一体。例如关中、陕北的生土建筑，犹如在黄土中生长出来的一样，与自然融为一体。陕南山区的石墙、石板房也同富于自然情趣。这些民居因物质条件差，不能持久，但其做法已经历了漫长的历史经验延续至今，不无缘由，其设计观念中的"场所精神"与"环境意念"均有其独到之处，它无疑是我们建筑宝库中的一个组成部分。

第二章
村镇布局与空间组织

一、村镇的分布与概况

陕西的村镇绝大部分是在过去小农经济的基础上自发形成和演变的。一般来说,它们的分布零散,构成简单,布局多结合地形自然成趣,规模则视山区或平原的农业生产分布等情况而异。此外,由于自然、地理、历史等因素,陕北、关中、陕南这三大自然区的情况,又有所差别。

陕北地处黄土高原,千沟万壑,地广人稀。土地占全省面积的45%,人口仅占全省的13.75%。虽然人均占有耕地3亩以上,但土地贫瘠,历来经济比较落后。这一地区的自然村大多规模较小而且分散。如过去调查位于延安山区的枣园,其自然村70%以上为11～30户的小村落,100户以上的仅占0.6%,1～10户占9.7%。由于地形复杂,主要农作物生产区大多沿较平坦、肥沃的川地发展,形成了村落顺川、沟零落分布的特点。规模稍大的村镇一般分布在沟口和条件较好的平川地,其用地一般都傍山、靠崖、上坡,不与农争田。在民居形式上,窑洞占有相当比重。人们常选择向阳崖坡,依山就势,层层筑窑,别具一格(图2-1、图2-2)。

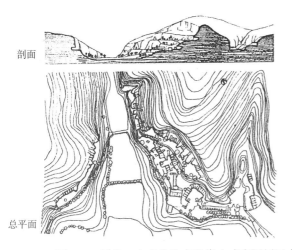

图2-1　延安、小寺沟生产队靠山式窑洞居民点

图2-2　延安、小寺沟生产队窑洞民居

关中地具八百里秦川之胜，全省主要大、中城市集中于此，人烟较稠密。其土地占全省面积的19%，人口却占58.53%，人均耕地一般不足1.5亩。由于地势平坦，土壤肥沃，交通方便，文教发展，经济比较发达。自然村的规模和分布较陕北、陕南相对要大，要集中。如过去的兴平县杨陵地区，其自然村人口规模在500人以上的约占20%，100人以下仅占8%左右。这与农业生产区相对比较集中有直接关系。村寨用地一般都选在临近作业区中心，地势高爽，水源、交通方便之处。在民居形式上主要是1~2层砖、木、土坯（包括夯土），小青瓦顶平房（图2-3（a）、（b））。在丘陵塬坡地区，也有一部分窑洞民居，如三原县曾统计在750个自然村中有窑洞23017孔，总面积达62万平方米，约为住房面积的1/12。

图2-3（a） 东泽村一角

图2-3（b） 党家村鸟瞰

陕南地处秦巴山区，除汉中和安康盆地，地势平坦，物产丰富，人烟稠密外，极大部分山川相夹，河多、沟深、坡陡，交通不便，地少人稀。土地占全省面积的36%，人口占27.9%。不少地区由于森林和植被破坏，水土流失，洪水为害，经济比较落后（如镇安县为"九山、半水、半分田"的大山区。不少地方"看天一条线，看地空中悬"。95%的耕地是山坡地，其中近42%坡度大于30°）。一般自然村，规模较小，分布零散（如洋县塘湾长龙地区，大潭沟一个生产队19户人家曾分散在16处）。为避洪害，不少村镇用地都选在傍山高坡上，依山建筑，盘山修路（图2-4）遇到两山夹一川或三山夹两川的复杂地形时，往往一个集镇分布在几个山头，靠桥或小船联系。因地理、气候等条件，其民居形式与关中等地不同（图2-5（a）、（b））。

图2-4 地处山川交汇的陕南蜀河镇

图2-5（a） 陕南安康县城传统街道

图2-5（b） 依山建筑的陕南蜀河镇民居

二、村镇的规模、类型和构成

村镇的规模因其所处的地理位置和性质不同，有很大差别。通常在平坦的平原、台地区，居民点规模大些，地形复杂的山、川、沟壑地带，居民点就小得多。

一般基层的自然村都是纯居住性的，规模5～50户不等（图2-6），分布零散。通常除了宅、院、麦场、厕

所、井、磨、涝池外，都没有或很少有公共生活福利设施。有些村子由于位置适中，交通方便，商贸开展或有社会、历史渊源等条件，规模逐渐扩展，形成中心村落或集镇。

中心村一般是乡政府或村民委员会所在地。其规模50～100户不等，人口数百人至千人左右。除一般自然村具有的内容外，通常设有为本村和附近居民点服务的公共设施，如：小商店、小学校、文化站、卫生站、磨坊、兽医站以及宗祠等（图2-7）。

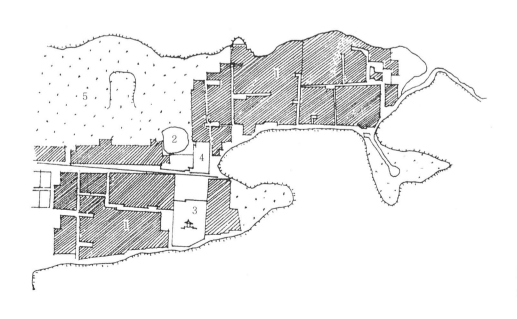

图2-6 北周原村总平面图

1.民居宅院 2.涝池 3.宗祠 4.麦场 5.农田

- 水井
- 废井
- 卫生所
- 商店
- 碑
- 祠堂

1.代销店 2.文化站 3.广场 4.小学 5.文星塔

图 2-7 韩城地区党家村总平面图

集镇一般是区政府所在地。平原地区集镇人口多在千人以上，规模大的可达四、五千人（如渭南田市乡2600人，华县高塘镇4000人）。山区集镇人口一般不足千人。集镇通常是一定地区的政治、经济、文化、商贸的中心，除基层政权机构外，设有乡镇集体企业生产基地、农贸市场、交通邮电、文教、科技、卫生、财贸等各项设施。它已初具小型市镇的格局（图2-8）。

因此，从自然村—中心村—集镇，已大体上形成了生产、生活、文教、商贸协调配套的基础网络体系。其中的自然村，除地形复杂的山区，由于交通和生产管理等原因，迄今还保留有一定数量的散居户外，一般随着生产和生活的发展，已逐步并迁，由分散趋于集中。如三原县原16个公社有居民点750个，经调整后，减少了114个。

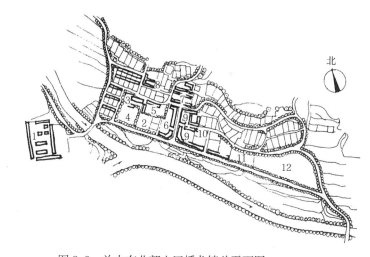

北

图 2-8 关中东北部山区蟠龙镇总平面图

1.中学 2.农贸市场 3.文化站 4.露天剧场 5.小学
6.信用社及收购站 7.乡政府 8.乡卫生院 9.综合商店
10.邮电所 11.兽医站 12.乡办工业用地

集镇的进一步发展，人口增多到五千以至数万人的时候，就发展成为市镇和县城。县城是大区的政治、经济、文化中心，县政府所在地。如宝鸡岐山县辖凤鸣、蔡家坡、五丈原，益店四个镇，15个乡，191个行政村，1093个自然村。其中县城所在地凤鸣镇，现有人口2.5万人。达到县城的规模，生产和生活的内容和组织就比较复杂，其街道网络，各业分布，居住街坊等功能布局，无论是基于历史的演变或后世的发展，一般都已有某种程度的规划安排。有的已俨然是一个小型城市（图2-9（a）、（b））。

从许多村镇的自然演变或传统形式的格局中，确实有许多具有启发性的规划处理手法和成功经验。特别是它们具有的浓厚乡土气息，明显的地方风格，简朴自然的处理和亲切宜人的尺度等，确实有很多值得借鉴的地方。下面将作进一步阐述。

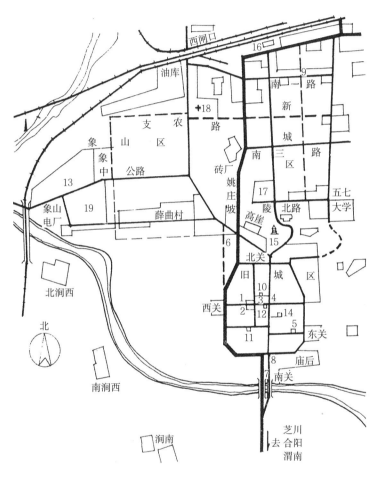

图2-9（b） 韩城旧县城总平面图

1.县委 2.县人民政府 3.县人民广场 4.韩城饭店 5.文庙
6.农贸市场 7.汽车站 8.公汽发车点 9.消防队 10.县影剧院
11.电影院 12.广播站 13.矿务局俱乐部 14.县政府招待所
15.陵园 16.韩城火车站 17.县医院 18.矿医院 19.矿务局

图2-9（a） 韩城旧县城北街

三、村镇的用地组织

一般自然村的用地组成比较单纯，通常由居住用地，道路用地及少量绿地组成。由于村内基本上都是农业人口，农民户的宅基占地又较多（平原地区平均每人约53～65平方米，见表2-1），故在整个用地组成中，居住用地一般能占到70%以上。道路用地约占15%。这类村子都是自发形成和发展，依据自然地形，呈不规则形。道路多树枝状，其走向、曲直也比较自由。由于通向各户的出入口限制了宅基的划分，一般居住地段的用地宽度不大，常见的两户宅基相对布置的情况下，这一宽度仅30～40米左右（每户宅基按3分地计）（图2-10）。成团状划分时（图2-11），长度又有限制，因此总的来说，村镇的路网密度较大，占地也多。

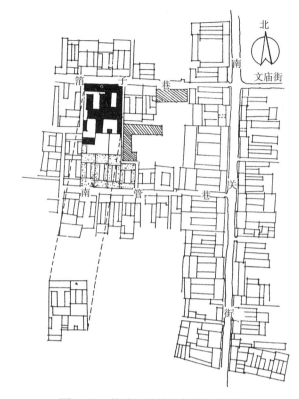

图2-11 韩城旧县城居住街坊划分图

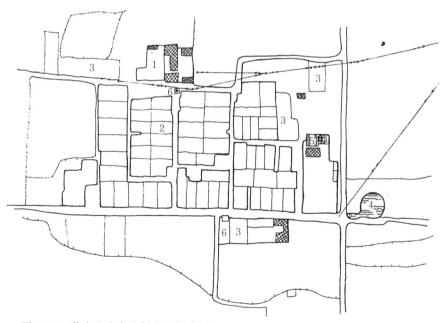

图2-10 苏东乡大孝义村宅基划分图

1.村委会 2.宅院 3.麦场 4.涝池 5.关帝庙 6.水井

分项　村镇名称	地区、性质	人口及户数	村镇总用地（公顷）	居住用地 m²/人	%	公建用地 m²/人	%	道路用地 m²/人	%	绿化用地 m²/人	%	生产用地 m²/人	%	其他用地 m²/人	%	人均综合用地 m²/人	备注
巍东乡 槐远村	关中	238人 51户	1.93	52.97	65.3	5.38	6.63	14.3	17.6	3.1	3.8	2.55	3.1			84	
杏花村	关中	298人 66户	2.45	66.66	73.8	3.54	7.8	11.4	13.9	4.21	3.8	2.46	3			82	
夏阳乡 颜沟村	关中	329人 67户	2.95	64.1	71	7.7	8.6	13.4	14.9	3.04	3.4	1.62	1.8			86.7	
苏东乡 大孝义村	关中	233人 50户	2.29	45.8	49.6	19.4	19.8	26.9	27.4					2.86	2.9	93.4	
西庄乡 党家村	关中	1287人 299户	10.6	55.29	67.2	15.29	18.5	11.76	14.3							82	
西庄镇	关中	1500人	17.45	34.7	29.9	53.5	46	6.1	7.13			20.81	18			116.32	
旬阳县 小河口集镇	陕南 山川	1634人	9.7	18.12	30	23.5	40	13.57	23			4.13	7			59.38	60公顷河沟山坡未计入内
甘溪集镇	陕南 山川	1069人	7.15	17.3	26	35	52	13.6	20			0.9	2			66.8	
独乐镇	关中 山区	931人	8.25	34.37	38.4	32.8	36.6	16.4	18.4	0.75	1	4.5	4			88.6	

中心村的用地组成中，增加了公共建筑用地，但比重不大，一般占总用地的8%左右。规模大，基础条件好的村子，这一比重也可达18%左右（表2-1）。过去这类村子，一般也都是自然成趣，无有意识的规划，然而这却赋予它们以简朴，自然的乡土气息和宜人的景观（图2-12～图2-15）。

图2-12 薛由村街景一角

图2-13 南周原村涝池附近景观

图2-14 党家村上寨（泌阳堡）景观

图2-15 上寨（泌阳堡）村落景观

集镇的规模大，设施内容多，其用地组成中，公建用地比重明显增加，通常可达 40% 以上。这充分说明集镇作为地区政治、经济、文化中心的性质。其公共设施要兼为附近广大村民服务。如西庄镇，日流入过往村民达 3000 人左右，逢集时，则达 5000～10000 人。集镇的居住用地比重明显减少，这主要与非农业人口比重的增加有关（一般达一半左右）。非农业人口的居住用地平均为农民户的一半左右。此外，集镇中还常有生产企业的仓库和地区行政机关等用地。由于构成内容较多，这类集镇都已有一定规划。通常公共服务设施多沿主要街道一侧或两侧成线状布置，形成热闹的商业性街道。生产性企业多半集中一隅，求其交通运输方便并减少对居民的干扰等（图 2-18）。

　　达到县城的规模，用地的规划组织就更为突出了。除了有比一般集镇更多的内容外，陕西地区的县城或多或少都有某种历史渊源。因为陕西是中华民族灿烂的古文化发源地之一，文物古迹荟萃，历史遗留下来的胜迹之多，古建、塔寺、庙观、陵墓等分布之广，在全国少有。其中仅国务院审定的国家重点文物保护单位，陕西就有 20 处。属于省级或尚未发掘的地下宝藏更是不计其数。这一切对许多县城的构成和用地组织都有明显的影响。

如历史悠久的古城——原韩城城关镇，早在周初即为韩侯封地，春秋时称韩原，隋开皇十八年（公元 598 年）即置为韩城县。全市有古遗址 13 处，古建筑 27 处，63 座。雄踞城北岗坡上的寨塔（今陵园塔）建于金代，而整个烈士陵园就是在原唐圆觉寺的旧址上改建的。这一组寺塔，居高临下，成为旧城的构图重心和主要街道的生动端景（图 2-16）。坐落在旧市区东部学巷的文庙，是保存十分完好的元、明建筑群（图 2-17）。它的古色古香的牌坊，雄伟的殿堂和苍劲的古柏等，为古城街区平添了许多姿色（图 2-18）。韩城附近又是我国汉代"文史之圣"司马迁的故里，素来是"人才荟萃之地，士风醇茂之区，文史胜迹之乡"，历代官人、商贾甚多，当地俗话说："下了司马坡，秀才比驴多"。仅明、清两代，当地即出解元十多个，状元一个，丞相一个，他们入京做官、从商，把京城的建筑、文化、习俗带回来，使迄今当地的街市格局和民居建筑都反映出这一历史的影响（图 2-19）。因而韩城素有"小北京"之称，在省内独树一帜。韩城现已经被国务院批准列入我国第二批历史文化名城。对于这类城镇的进一步发展，必然要遇到诸如文物古迹的保护，旅游业的开发，新、旧建筑的结合等，较之一般市镇要复杂得多的问题。

图 2-16　由韩城城关镇北街看陵园塔

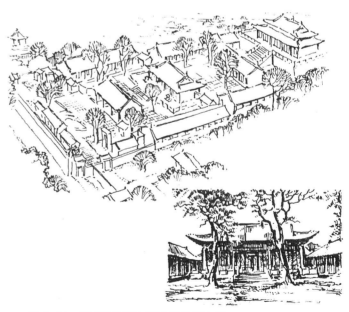

图 2-17　韩城城关镇文庙全景及其大殿

图2-18 韩城城关镇文庙前街景

又如，位于西安以西74公里的乾县，即因陵设县，因陵而名。它是我国封建社会的黄金时代—唐朝的帝王陵寝，又建于"贞观之治"至"开元盛世"（公元627～756年）之间，是我国唯一的一座两位皇帝的合葬陵墓（唐高宗李治与女皇武则天）。因地处唐都长安西北方向，在八卦定位上，西北曰"乾"，故称"乾陵"。睿宗时，于陵寝南侧置县。因此从县名、县址上可以看出两者的密切关系。乾陵距县城仅5公里。陵区大门距县城小西门仅3华里。陵寝主峰梁山，海拔比县城相对高出300～400米，因此站在县城仰望陵区，主峰似双乳，壮观气势历历在目，而从陵上俯览县城，城垣街坊也尽收眼底（图2-19、图2-20）。

图2-19 眺望乾陵全景

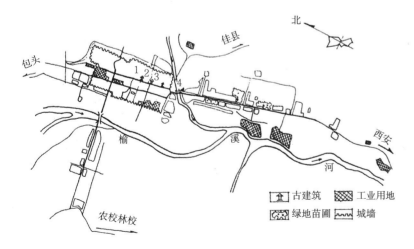

图 2-20 乾县总平面图

居住用地
农民居住用地
工业用地
苗圃
果园
公园绿地
陪葬墓
绿带
绝对保护区
一般保护区
菜地
兽医站
农贸市场
汽车站场
碑
城墙
学校

至于历代古都西安,不光因文物胜迹众多而闻名遐迩,作为历史上的名都——唐长安的营造格局(图2-21),更是世界城建史上的奇迹,对我国历代古城乃至日本的京都等,都有直接影响。至今西安旧城以及新区的棋盘式路网,明确的轴线,对称的布局,端景的处理等,不能不说是继承和发展了唐长安的某些格局(图2-19)。从一些地方城镇的规划结构和布局中,也或多或少反映出这方面的影响(图2-20~图2-22)。

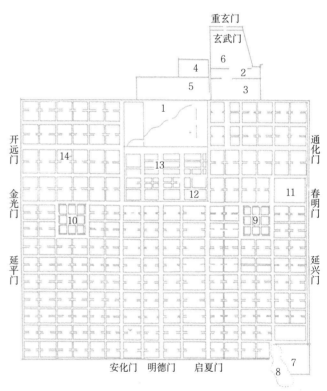

图 2-21 唐长安城复原示意图

1.太极宫 2.大明宫 3.含元殿 4.含光殿 5.西内苑 6.麟德殿
7.芙蓉园 8.曲江 9.东市 10.西市 11.兴庆宫 12.太庙
13.皇城 14.街坊用地

图 2-22 榆林县城现状示意图
1.钟楼 2.星楼 3.万佛楼 4.灵霄塔

古建筑　工业用地
绿地苗圃　城墙

四、村镇布局与地形、地势关系

如前所述，陕西大致分为三个自然区，而在每区中，村镇的布局又与具体所处的地形、地势有直接关系。

（一）平原地区（包括台地、平川地）。村镇布局比较集中和规整。平面呈矩形或团形。道路也以平直居多。村落在选址上，一般求交通方便又不被过境交通穿越，地势高爽，有利排水且不占良田，关中地区多数情况如此。

（二）山川地区。因地势复杂，许多村镇的布局多因山就势，见缝插针，用地零散且不规则。陕南秦巴山区这种情况较多。常见如：

1. 背山面水——因用地受限，村镇建筑多沿山坡阶地顺等高线布置。由于洪水爆发的威胁，村镇选址都高出河床较多，虽临水而不近水，这是与我国南方水乡村镇明显不同的（图2-23）。

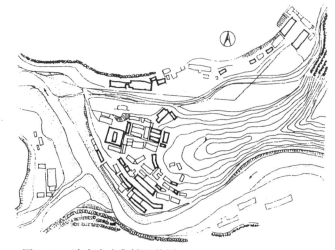

图 2-23 陕南赤岩集镇现状图

2. 围绕河、山的交叉地段——常见有三山夹两川的复杂地形（图2-24）。因用地所限，不得不在交叉点附近各个山头布置建筑。如旬阳县城和蜀河镇等（图2-25、图2-26）。此时一个村镇分成几摊，在江宽、谷深的情况下，架桥比较困难，平时要靠舟楫摆渡联系。

为了充分利用地段，建筑大多上山，上坡，层层叠叠。街道也曲曲弯弯盘山修筑。不同标高的街道靠陡坡的台阶联系（图2-27）。这些村镇的宅院也因地形限制，用地窄小，于是有的就势把院内房屋也布置在不同标高上，别具一格（图2-28）。这类村镇由于地处高坡，景观开阔，远观村镇房舍与起伏山势浑然一体，入夜则是满山灯火，衬托着夜空和山景，十分壮观。

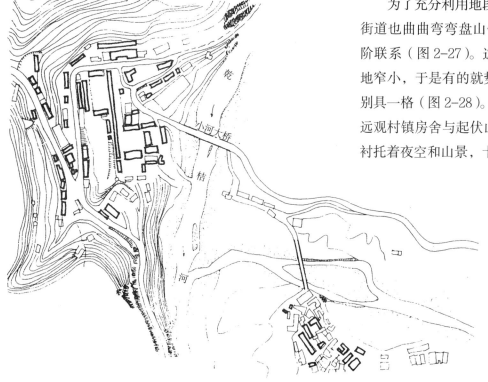

图 2-24 陕南小河口集镇现状图

图 2-25　陕南旬阳县建于山包上的小清真寺

图 2-26　陕南蜀河镇临汉江依山建筑

图 2-27　依山修建的蜀河镇民居及街巷

图 2-28　结合坡地的小四合院，正房、
　　　　　厢房处在不同标高（旬阳县）

（三）黄土高原。除平整台地的村镇，具有一般平原地区特点外，多数丘陵起伏，沟壑纵横的地区，村镇常靠山、顺沟布置。用地也较零散，不规则。这类村镇的选址都傍山、靠崖、上坡，不占良田。由于黄土层深厚，稳定性好；雨量少；木材资源缺乏等自然条件，促使这一带传统上大量采用窑洞民居的形式，既省建材又节能源并具冬暖夏凉之利。从窑洞民居的类型看，一般有靠山式（图2-29（a）、（b）、（c）），独立式（图2-30）及下沉式（图2-31（a）、（b）、（c））。前者多利用向阳崖坡，依山就势层层筑窑。底层窑顶常常就是上层的平台和通路，层层叠叠与土崖浑然一体，十分壮观。独立式窑洞一般多用砖石构筑墙体，覆土压顶，仍保持拱结构特色，它较有利于采光、通风并有布置的灵活性。下沉式窑洞多见于黄土层深厚的台塬区。窑洞沿井院四壁布置，居住环境不受干扰，别有洞天。

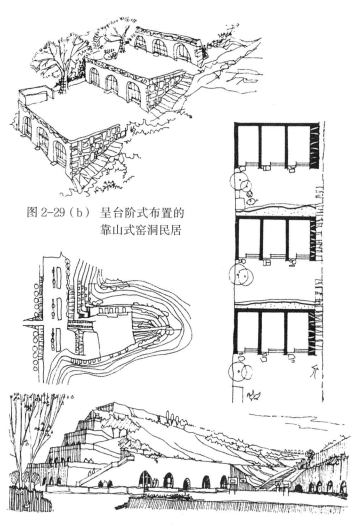

图 2-29（b） 呈台阶式布置的靠山式窑洞民居

图 2-29（c） 呈台阶式布置的靠山式窑洞（礼泉县烽火大队中学）

图 2-29（a） 靠山式窑洞民居（延安）

图 2-30 独立式窑洞民居（延安）

（a）下沉式井院内景

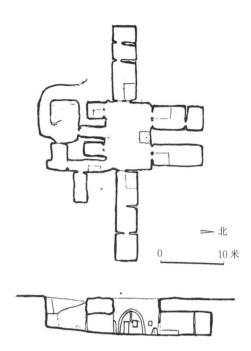

一 北

0　　　　10 米

（b）平面及剖面示意图

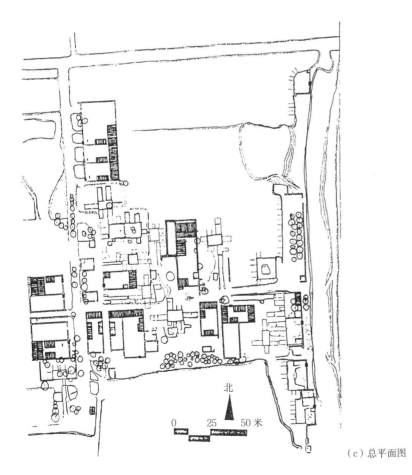

北

0　　25　　50 米

（c）总平面图　　图 2-31　下沉式窑洞民居（乾县韩家堡）

五、街道空间处理

传统村镇中的街道，就其性质来说，基本上有两类，即：居住性街道和商业性街道。前者是构成极大部分村落的道路系统，而在集镇、县城中，除一般居住性街道外，常有一条或数条公共设施与商店铺面集中的热闹商业街。

（一）居住性街道。村镇中的居住性街道都有一种简朴、宁静、亲切、自然的气氛。这种气氛的形成主要与下列因素有关：

1. 街道曲直、宽窄因地制宜。这样既省工又利排水，而且使街景自然多变。在地形复杂的山区，这一原则体现得十分普遍（图2-8、图2-24）。即使在平原地区的村落，有些主要街道也常顺应地势有折曲变化（图2-32（a）、(b)），或者采取丁字交接，使街景步步展开，造成路虽通而景不透的效果，避免一眼望穿，使街道的宁静气氛大为增强。局部地段的宽窄变化则使长街的景观显得丰富生动（图2-33（a）、(b)）。小块墙角边地也为村民停留、交往提供了合适的空间。

图2-32（a） 薛曲村街景

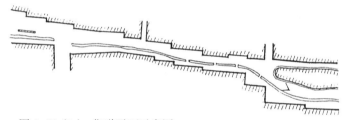

图2-32（b） 街道平面示意图

图2-33（a） 南周原村街景一角（见平面画圈部分）

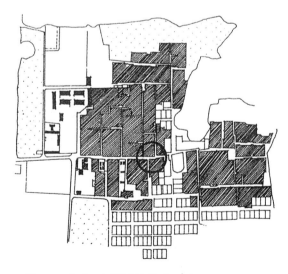

图2-33（b） 南周原村总平面图

2. 小巷多尽端式"死胡同"。这类通向局部宅院的人行小巷，有的宽不足2米，仅能容一般架子车通行，具有明确的内向性和居住气氛（图2-34）。它们与主要街道形成树枝状路网结构，避免了公共交通穿行，保持了居住地段的安宁。

3. 建筑临街面富有变化。通常三合院及四合院式的宅院布局，使住房有的纵墙顺街，有的山墙朝外，因而有长短、直斜、高低错落等变化，加上临街墙面的"实"与各户入口的"虚"，交替出现，多样处理，使街景既简朴又丰富（图2-35）。

4. 尺度亲切近人。一般街道宽与房高比多小于1：1。有些小巷，虽然房高比巷宽大，但因巷道短，加上两边临巷建筑多山墙面的变化与院内绿化的穿插等，在观感上也并不感到压抑（图2-36（a）、（b））。山区村镇的巷道结合自然地形的高低曲折变化和山石的铺砌，使建筑、道路、山坡等浑然一体，更增添了自然情趣（图2-36（c））。

图 2-34 尽端式小巷示例（韩城城关镇）

图 2-35 薛曲村街景

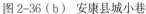

图 2-36（b） 安康县城小巷

图 2-36（a） 党家村街巷

图 2-36（c） 蜀河镇依山坡修筑的小巷

图 2-37（a） 南周原村街道绿化景观

5.绿化散散点点，有疏有密。没有一般城镇中整齐
成排、高低划一的行道树，这样反倒增加了自然情趣和
空间变化（图 2-37（a）、(b)），并使街道的阳光落影变化，
丰富生动，使许多实墙面看起来也不显得单调。

（二）商业性街道。集镇中的商业性街道，其沿街
商店、铺面多数顺街的一侧或两侧成线状布置。前者多
见于沿公路一侧或因受山川地形限制的村镇。规模大些
的县城，常常形成十字交叉的商业街。有的还有一定规
模的广场，成为市镇集市和人们活动集中的繁华场所。

传统的集镇商业街，宽度较窄（一般为 5～7 米），
而且都是人、车合流。在过去没有机动车辆和人流不多
的情况下，矛盾还不突出。随着生产、生活的发展和现
代机动交通的频繁，特别是逢集、过节，交通为之拥塞。
由于不可能大拆大建地进行拓宽，一般采取保持原红线
宽度和两侧建筑现状，把机动交通引向外围，保持平时
以步行交通为主的传统商业街的方式，取得较好的效果。
如韩城城关南大街即为如此（图 2-9（b））。

图 2-37（b） 韩城城关镇小巷绿化景观

商业街的店铺建筑大多为 1～2 层，虽为连排布置，但开间有大、小多少之变，立面细部各异，加上高低错落，在统一中仍有变化。店铺底层一般敞开，货摊临街展示，商品、招牌、棚架五光十色，增添了繁华气氛（图 2-38（a）、（b））。店铺建筑通常都有较大的挑檐，有的还做重檐（图 2-39）。有的利用二层挑出，不但扩大了使用空间，又起到遮阳、防雨之用，也丰富了街景的变化（图 2-40）。至于建筑在局部地段的错落、进退，既有缓解人流拥塞的作用，而且使纵长街道不显得单调（图 2-41）。

图 2-39　采取重檐处理的商店铺面（安康县城）

图 2-38（a）　陕南蜀河镇商业街

图 2-38（b）　陕北神木县沿街铺面

图 2-40　采取二层悬挑的商店铺面（蜀河镇）

图 2-41　韩城城关镇商业街局部处理

（三）街道对景处理。利用自然景观或古建、塔、庙等，作为主要街道的端景、借景，是陕西地区城镇布局中常见的手法。如西安的大雁塔、钟、鼓楼等（图 2-42（a）、（b）、（c））；延安的宝塔山；榆林的星民楼、钟楼、万佛楼（图 2-43）；韩城的陵园塔（图 2-16）；旬邑县的泰塔（图 2-44）；党家村东的文星塔（图 2-45）等，都是组织得很好的街道对景。这类对景建筑多半选址高处、显处，造型优美。这对于丰富长街的纵向空间，增强街道的公共性和易识别性，突出城镇的立体轮廓和地方特色，都有良好的效果。

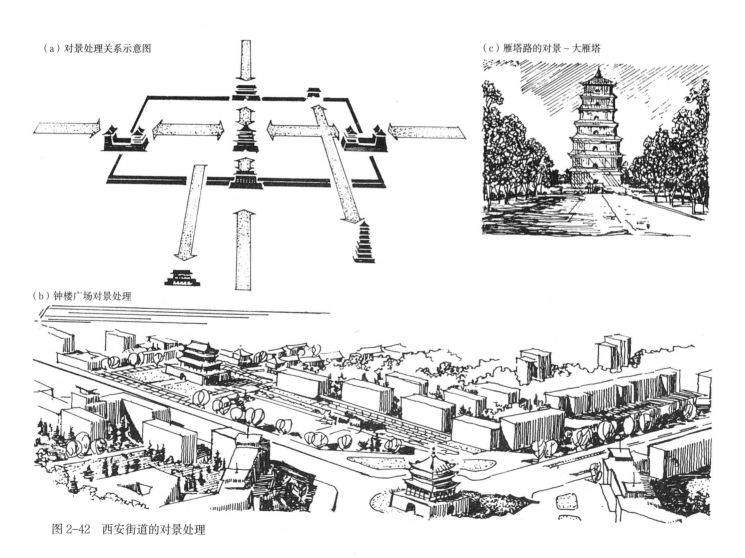

（a）对景处理关系示意图

（c）雁塔路的对景－大雁塔

（b）钟楼广场对景处理

图 2-42　西安街道的对景处理

图 2-43 榆林县城街道对景

图 2-44 旬邑县泰塔

图 2-45 党家村文星塔

（四）交叉口和广场。交叉口和广场是人流汇集停留的场所，因而也是传统店铺竞相聚集之地。在发展形成过程中，这些地段无论在建筑的性质、布局和体形处理上，都较之一般街段变化要多，必然更能吸引人们视线，成为长街中重要的点和面，使街道有段落、节奏变化（图2-9（b））。

传统村镇的交叉口，建筑多自由错落，很少刻板对称的布局，加上临街山墙面的交接变化显得自然生动。交叉口建筑的重点处理也增强了街段的可识别性（图2-46）。

从性质上看，陕西集镇以综合性的集市广场较多，面积也大些。常设在中心区交通方便之处，平时以集市为主，节日常成为群众多样活动中心。交通性广场一般分布在车站附近，实际上除供人流集散外，也设有为过往旅客服务的综合设施，特别是流动摊点较多。此外，在一些大型庙观、寺、塔和公共建筑前也常有小型广场，既是集散人流所需，在传统上还起烘托环境气氛作用。其中作为宗教活动的广场空间，周围的布局往往比较严谨、对称，轴线分明，并常有牌楼等标志物划分并丰富空间处理（图2-18）。

在使用上，为了减少过往交通的影响，广场空地多半退入街道一侧（图2-47），或使交通在广场外侧环行并通过绿化或围栏等手段，做出适当分隔。集镇的主要公共建筑往往围绕广场布置，不仅使广场成为全镇的公共中心，而且在建筑体量上也容易与较大尺度的空间相协调。

除前述方面外，陕西村镇环境风貌的形成还包含许多具体因素，特别是丰富多彩的建筑装饰和入口处理，多种多样的建筑小品，如：牌楼、影壁、碑刻、牌匾、门墩石、上马石墩、拴马桩等，对丰富街景的变化，增加街段的可识别性等，都起很大作用。有关这方面的详细内容可参见第五章。

图2-46 安康旧县城商业街交叉口

图2-47 韩城城关镇中心广场集市情况

第三章
平面布局、空间处理与建筑造型

一、关中民居的平面布局、空间处理与建筑造型

（一）平面布局

关中民居历史悠久，目前在各城镇中还保存不少明清时期的民居。其中西安、三原和韩城等地的民居尤其具有代表性，无论在土地利用、平面布局、空间处理及内部装修等方面都不失为这方面的范例。关中民居一般都具有平面布局紧凑、用地经济、选材与建造质量严格、室内外空间处理灵活以及装饰艺术水平较高等特点，是我国建筑文化的宝贵遗产。迄今该地区一些新建的民居，在平面布局、空间处理及建筑造型等方面，不少还保留着传统民居的风格和特点。

关中民居虽然具有自己的地方风格和特点，但其平面关系与空间组织仍属于中国传统院落式的民居模式。它的主要布局特点是多沿纵轴布置房屋，以厅堂层层组织院落，向纵深发展的狭长平面布置形式（图3-1）。

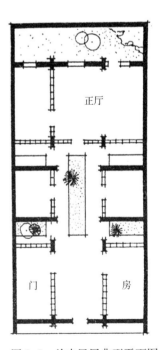

图3-2　关中民居典型平面图

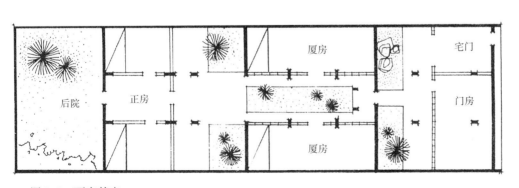

图3-1　西安某宅

归纳起来，关中民居的平面模式有：独院式、纵向多进式、横向联院式以及纵横交错的大型宅院。

1. 独院式平面

这是关中常用的民居平面布局形式，这类布局多沿用地四周布置房间，由前向后，依次是门房、庭院、正房和后院。为了多争取使用空间，在庭院两侧布置两栋单坡顶的厦房（在关中地区把厢房称作厦房 组成四合院（图3-2～图3-4）。这种独院式的用地面宽多为8～10米，进深约20米，比较窄长，其布局特点是占地少、面积利用充分。

在图3-2中，因用地进深较浅，庭院两侧建一开间的厢房，布局紧凑，使用方便。图3-3为五开间的厦房，扩大了使用面积，延伸了用地长度。从图3-4的布局可以看出，建筑与用地标准较高，面宽为五开间，四间厦房，沿庭院设有檐廊，正房为三开间，两侧留有通往后院的通道。门房高大并设置阁楼，具有门面壮观，增大贮存空间的特点。

门房用途比较多，可以作居室、书房、会客或贮藏等用。两边厢房一般供晚辈居住、厨房或作为贮藏等用。正房是这类住宅的主体建筑，正房的建筑形式，多为我国传统的一明两暗式布局，明间供会客、起居及庆典之用，两暗房间是主人及长辈的住房。后院用于饲养及厕所等杂用。

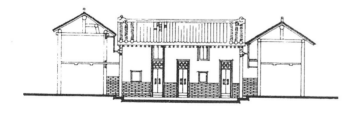

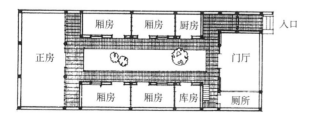

图3-3 韩城党宅院落平面图、纵剖面图

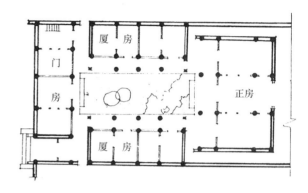

图3-4 三原某宅院落平面图

门房和正房的开间多为3米左右，个别的也有加大中间开间的做法。进深一般为5～7米，厦房的开间和进深按地形要求，变化较大，一般情况下，开间多为3米左右，进深在独院式平面中也多为3米左右，这种做法，与正房开间统一，平面布置显得整齐（图3-1、图3-2）。

独院式平面布局，不仅可以单独使用，还可以用它组成多进式或联院式的多种平面。因此，这种独院式平面已成为关中地区民居的基本布局形式。

2. 纵向多进式平面

这种布局是由独院式平面沿纵深方向重复组合而成。关中地势平坦，城镇街道平直，民居宅院多沿巷道两侧布置，宅门争取面街，很少考虑方位朝向。关中地区地少人多，宅基划分多以十米左右的三开间面宽居多，因此形成窄门面、大进深的宅基。其平面布局只能向纵深发展，形成了层层厅堂院落组成的序列空间。这种平面布置，各厅堂院落的功能比较明确，简洁适用，空间灵活，减少路网密度，节省用地，增加住户的私密性和安静的需求。

纵向多进式布局的厅堂院落的层次虽不尽一致，但是多数以二、三进式为主。如西安市湘子庙街赵宅，就是这种布局（图3-5、图3-6）。

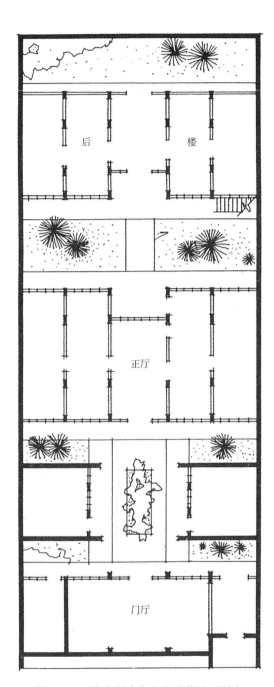

图 3-5 西安湘子庙街赵宅院落平面图之一

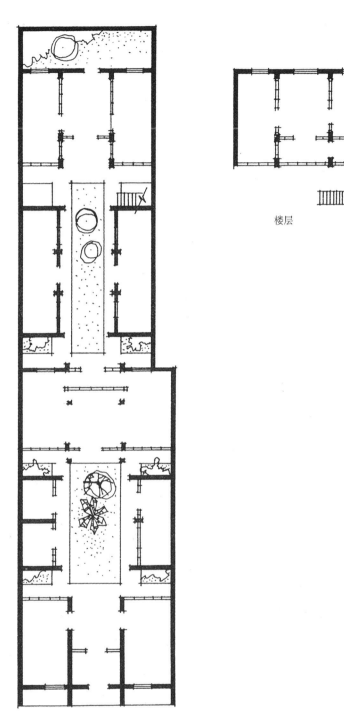

图 3-6 西安湘子庙街某宅院落平面图之二

图 3-5 和图 3-6 是比较典型的二进庭院的布局形式，这种平面的一般处理方法，多以前庭、内院组织各类房屋，最后部分是服务性的后院。图 3-7 是三进式平面形式。

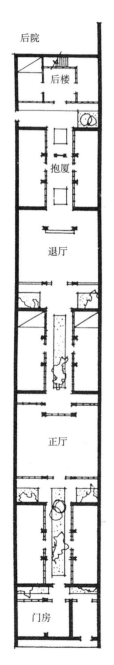

图 3-7　三原某宅院落平面图

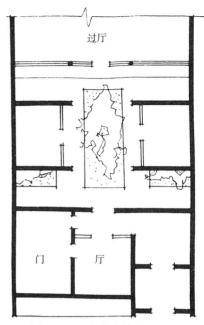

图 3-8　四合院式前庭平面图

前庭：大门进入宅院的过渡空间，具有外向性，它由门庭、厦房和过厅围合组成，供接待、婚丧、庆典及家人团聚之用。因此对前庭的处理，无论是平面形式、空间联系、装修和绿化栽植，都有较高的使用和观赏要求。

前庭的布局一般有四合院、三合院和两合院几种形式。

四合院式的前庭：这是关中地区多用的形式，它由门厅、过厅和两边厦房形成庭院空间。厦房间数的多少，直接影响前庭的进深和比例关系。如图 3-7 为三开间厦房，图 3-8 为一开间的厦房，而两图的面宽同为三开间，因此庭院空间比例有不同的效果。对比之下，用一开间厢房的庭院比例较好，用三开间厦房的前庭比例狭长。当面宽为五开间的平面布局，采用三开间厦房，其前庭比例为最佳。

三合院式前庭：这种前庭中，一般不设过厅，只由门厅和两边厦房围合组成，如图 3-19 所示，去掉过厅增加两边厦房的间数，前庭与内院用围墙及门洞分隔，这种做法在城镇中不多见，但在农村使用较为普遍。

两合院式前庭：这是一种只设门厅和过厅不设厦房的前庭形式（图 3-9）。

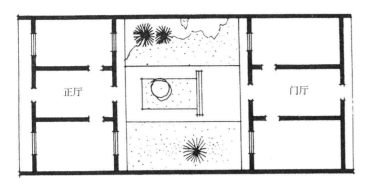

图 3-9 两合院式前庭平面图

图 3-10 三原城关某宅平面图

另有一种是在前庭内设二道门的形式（图 3-10、图 3-15），用墙和门洞将前庭单一空间分隔为内外两层，丰富了空间效果，也满足了户内的使用要求。

内院：位置多在过厅的后面，这是家庭内部起居、生活使用的空间，一般宾客不进入内院。由于它处在宅院的后部，便于保持安静和独立的特点，内院的布置形式多为四合院，如图 3-5、图 3-6 中的第二进庭院。

后院：设在宅院的最后部分，其大小不一，供生活服务之用，后院内一般设有厕所，并作为饲养、贮藏及种植蔬菜果木等。后院在关中地区民居中不能算一进庭院。

关中民居中的三进式平面，是在二进式平面中增加一层退厅所形成的平面布局（图 3-12，图 3-15）。退厅供招待亲友之用，为了使用方便，其位置都紧联过厅布置。有一种是将退厅布置在过厅后 2 ~ 3 米处（图 3-17），在退厅和过厅之间的小天井，作为通风和采光之用，两厅距离较近，使用联系方便。退厅的另一种布局形式，是在过厅和退厅之间设一进庭院的做法（图 3-12），在这进庭院中布置厦房、绿化和建筑小品等，以美化环境。

3. 横向联院式平面

将几个多进式宅院，用数道墙门横向联通，为独户使用的民居类型（图 3-12 ~ 图 3-16）。横向联院式宅院的各院之间，仍用高墙分隔，各院都设有独立的对外出入口，因而使各院仍保持独立的多进式宅院的特点。各院之间的联系有通道门相通，这种布局都有正院和偏院之分。

正院位置多居中布置，一般都具有建筑物尺度高大、庭院宽敞、建筑材料和建造质量高以及装修精致等特点。正院具有主人起居、接待宾客等功能要求。

偏院：居正院之侧，多为晚辈和家人生活居住的场所，其布置较灵活，院内设有居室、餐厅、厨房及花厅等用房。如图 3-12、图 3-14 的偏院布置，是比较丰富、灵活的，在花厅前后设有廊、亭、山石花草及各种树木，以美化庭院。也有在偏院内开辟宅内花园的，如图 3-11 为联院之间的通道门的处理。

图 3-11　通道门

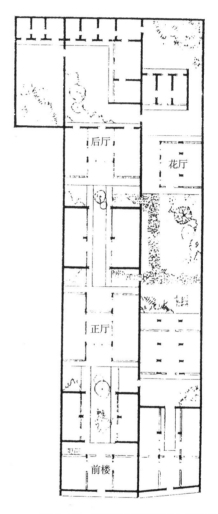

图 3-13　西安湘子庙街丁宅平面图

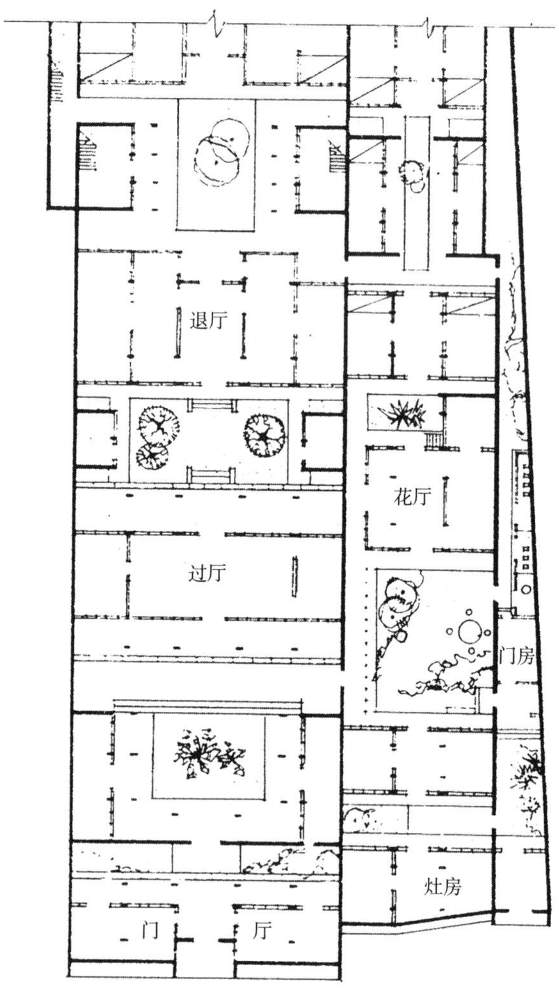

图 3-12　西安湘子庙街赵宅平面图

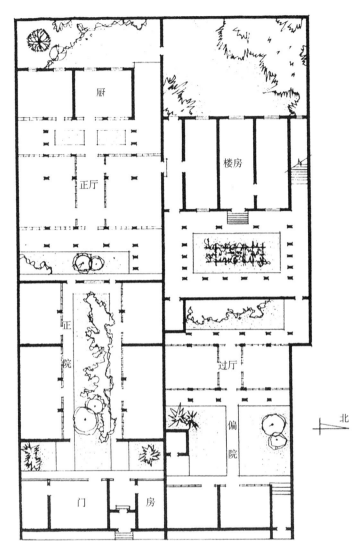

厨

楼房

正厅

正院

过厅

偏院

门　房

北

图 3-14　西安芦荡巷姚宅平面图

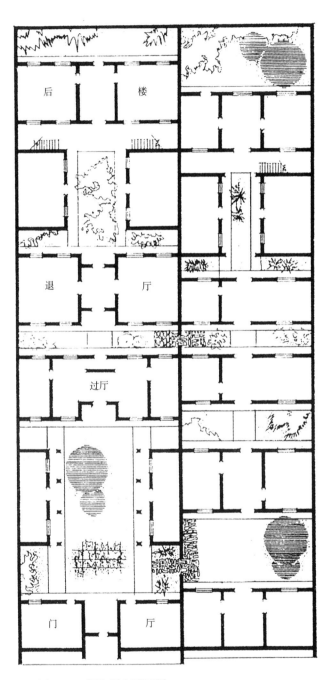

后　楼

退　厅

过厅

门　厅

图 3-15　凤翔周宅平面图

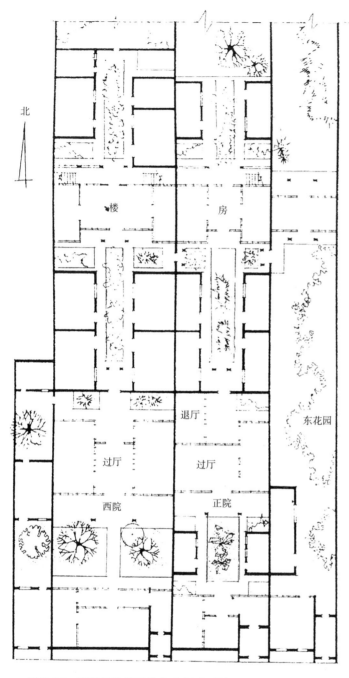

北

图 3-16 西安北院门西羊市米宅平面图

4. 大型民宅

关中地区大型民宅，用地面积多，建筑规模大，多为昔日的高官、富户所有。这种布局是由几个甚至十几个多进式宅院联片组合而成。其规模不尽一致，多者有

十余院相联通为一户，如西安市北院门的高宅，又如三原县内的石槽崔宅，则是将整条巷道联通，供独户使用。

总之，关中地区民居的平面，具有布局严谨，纵轴贯通，层次分明、庭院狭窄、临街封闭，院内通透等特点。

5. 宅院内部联系

民居内部的交通联系方式的不同，直接影响着使用效果及空间关系的好坏。关中民居宅院前后之间的联系，多以各层厅堂的房门为前后联系中心，如图 3-12 的正院，就是这样联系的。这种布局具有庄严、深远及层层引深的空间效果。它的不足之处，是用一条笔直的中间通道，贯穿前后空间，容易干扰全宅的安宁。另一种联系方式，是将前后联系通道布置在厅堂的一侧（图 3-17、图 3-18）。

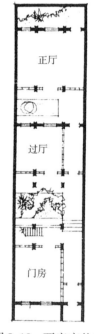

图 3-18 西安市盐店街
某宅平面图

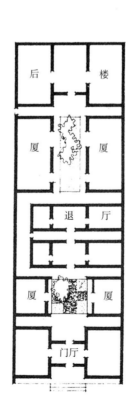

图 3-17 西安市北院门高宅
正院平面图

图3-17的这种联系,保证厅堂的安静,独立效果较好,但占地较大些。图3-21宅基用地狭窄,但是平面布局紧凑、适用,且空间富有变化,这是小空间处理较好的实例。

6. 传统农村住宅

传统农村住宅的平面,一般都比较简洁明了,多数是厦房为主,房屋类型少,经济、适用,而且布局灵活自由。其平面布局基本上也属于关中窄院的传统形式(图3-19～图3-26)。

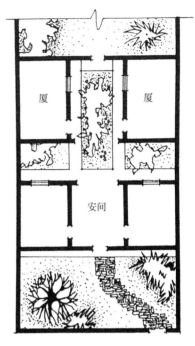

图3-22 关中地区厦房结合前庭
组合的农宅平面图

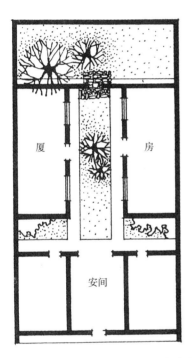

图3-19 关中地区三合院式农宅平面图

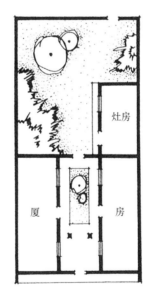

图3-21 关中地区以厦房结合
入口的农宅平面图

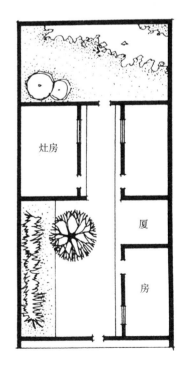

图3-20 关中地区以厦房组合的
农宅平面图

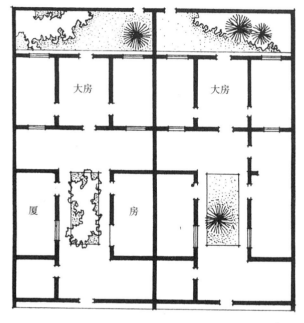

图 3-23 关中地区三合院农宅平面图、立面图

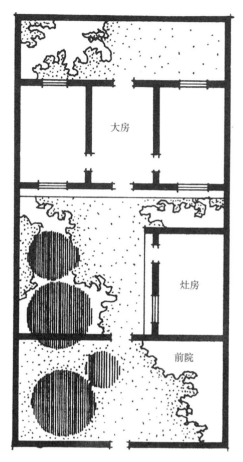

图 3-24 关中地区二合院农宅平面图

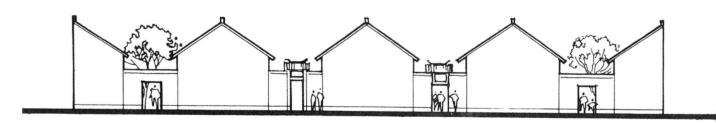

图 3-25 多组二合院组合的农宅立面图

图 3-26 关中地区典型的窄四合院（三原某宅）

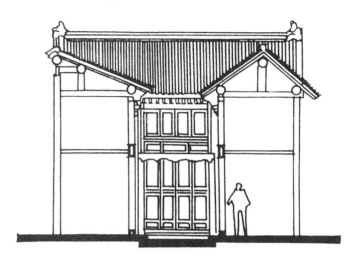

图 3-27 三原某宅剖面图

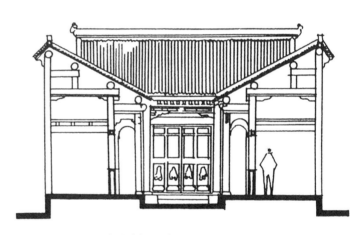

图 3-28 韩城某宅剖面图之一

（二）建筑空间处理

1.窄院的形式和功能

关中地区民居的庭院形式及其空间尺度，是由平面布局所决定。因用地狭长，又沿周边布置房间，故房屋之间的室外空间，自然形成了狭长的四合院式的庭院（图 3-26）。

庭院的宽度，一般由厅房中间的开间所决定，通常为 3 米左右。庭院的纵深长度，取决于两边厦房间数。如上所述，庭院的长宽比，多为 4:1，因而形成了狭长的庭院，三原地区民居的窄院尤为突出（图 3-27、图 3-28）。这种窄院，代表了关中地区民居特有的深宅、窄院和封闭的地方特点。其优点不仅节约用地，也解决遮阳、避暑、通风和室外排水等。厦房的日照效果虽然差一些，但因采用倾向内院的单坡顶，故早晚也能得到一定日照。厅房的采光措施，有的将厅房和厦房之间拉开 2～3 米。

2.庭院绿化

绿化对丰富庭院空间、美化环境等方面都有较大作用。由于关中地区民居庭院窄，面积小，不适于大量绿化，多数是在窄院内，点缀几株花木，通常有腊梅、玉兰、石榴及夹竹桃等。有的还在窗台、檐下和栏杆等处，布置花卉、盆景等，增加了天井小院的舒适、安静的生活气氛（图 3-29、图 3-30）。

图 3-29　西安书院门某宅内庭院　　　　　　　　　　　　　　　　　　　　图 3-30　西安湘子庙街某宅内庭院

3.空间渗透

　　关中地区民居平面布局，虽呈现窄长、严谨和规整的形式，但是通过组合变化，其各部建筑空间关系，既能满足生活使用要求，又能创造不同情趣和丰富多变的生活环境。如果在狭长的庭院中，不去考虑扩大空间效果，势必造成呆板、封闭、无生活气息的环境。然而，关中地区民居巧用檐廊、透花窗格等使空间相互渗透，在檐廊和花窗中、组织多种外观精巧，内容丰富的图案，使狭窄的四合院，处于淡雅、玲珑剔透的木装修之中。由于厅、廊、庭院相互贯通，不仅给室内外空间互相延伸创造条件，也形成了一种有层次的通透和扩大空间的效果。如图 3-31 就是用柱廊和花窗贯通空间的。图 3-32 ~ 图 3-36 是用细木雕和透窗处理的，地方特点和民间趣味十分突出。

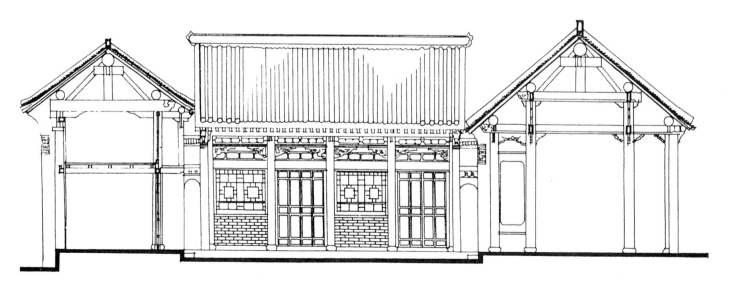

图 3-31　韩城某宅剖面图之二

图 3-32　利用凹廊和隔扇扩大窄院空间（西安北院门某宅）

图 3-33　利用花格窗扩大内庭空间

图 3-34　利用柱廊和隔扇扩大内庭空间（西安北院门某宅）

图 3-35　利用细木雕门罩扩大空间（西安化觉巷某宅）

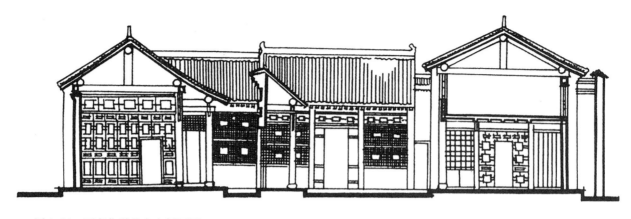

图 3-36　西安化觉巷安宅剖面图

4. 空间组织

在关中地区民居中，有在窄院四周设檐廊的传统做法，当地人称之为"歇阳"（图 3-37）。檐廊有交通联系、遮阳、避雨等功能，也是人们文化活动和休息的场所。檐廊处于室内和庭院之间，具有室内外空间相互过渡和延伸的效果。同时也扩大和丰富了窄院的空间感受，增加了庭院空间的层次变化，打破了狭窄、呆板的气氛。

5. 空间分隔

用墙门抱厦、抱亭、或厅堂分隔窄长的宅基，是关中民居中通常的做法。图 3-38 ~ 图 3-41 由门房至正厅距离较远，庭院比例狭长，在狭长的庭院中用墙和门洞分隔大小不等几个庭院，既调整了庭院比例又丰富了空间层次。

图 3-37　通透的柱廊与隔扇处理（西安北院门某宅）

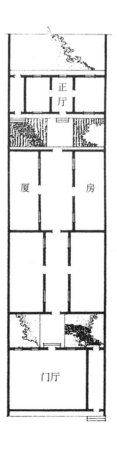

图 3-38　西安南院门某宅平面图

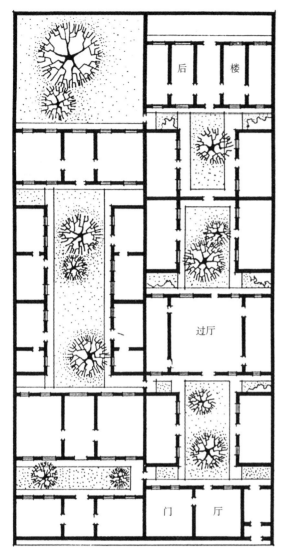

图 3-39 韩城箔子巷某宅平面图

图中标注文字：后楼、过厅、门厅

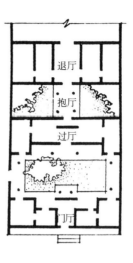

图中标注文字：退厅、抱厅、过厅、门厅

图 3-40 韩城某宅局部平面图

图 3-41 韩城某宅抱亭

（三）建筑造型

关中地区城镇及规模较大的村落，其道路多呈棋盘状，并设有连通住户的小巷。住房都沿街或巷道两侧布置，即使是小的村落，也夹道布置，户户毗连构成群体。同时，关中传统民居的平面布局及空间处理都比较严谨，多数为传统的四合院和三合院，但院落层次较多，一般为两进院或三进院。房屋多呈对称布置，中轴明确。因此从局部看，往往形成较为程式化的外观模式。

1. 建筑外观的基本形式

（1）倒座临街。以三或五开间的倒座面向街道，多数在右边第一开间设置大门，仅少数富商或官宦人家则居中设门。也有个别面宽为五个开间的住房将大门设在右侧第二开间，把第一间作为厨房、贮藏间或设置上阁楼的楼梯。无论将大门设在哪一间，它都是立面的重点装修部分，形成构图中心。除少数住户的大门与外墙平外，多数住户的入口都向内凹进，大门一般设在由外墙向内约为房屋进深的 1/2 或 1/3 处。在韩城一带，很多民居把沿街倒座做成两层，入口也按两层通高处理，从门洞口的两边伸出墀头，墀头上部戗檐以下做灯笼状砖雕花饰，有的与墀头连成一体，有的突出于墀头之外。砖雕花饰做工精致，多雕以莲花牡丹等花卉纹样。也有的门口两边不做墀头，戗檐下的灯笼状花饰突出外墙面，好像门口两边挂了两盏灯笼，更显得玲珑剔透，生动活泼。再加上门口上部精雕细刻的梁、枋、牌等，与厚实的青砖墙面形成对比，使得入口更为突出（图 3-42～图 3-46）。有的住户把影壁设置在大门外边与门口相对，使得入口较为隐蔽，同时也丰富了街景（图 3-47）。在韩城地区每户住宅大门上都设置匾额，匾额上书写的内容颇为广泛，有的反映本户人家的社会地位，有的反映人们的追求和向往以及对子孙后代的希望，其中以耕读弟、勤俭传家等为最多。西安、三原、渭南等地区多数住户大门及门洞口的处理都比较简单，门口也向内凹进，两端做墀头，门上只做门楣，木雕花纹比较简单，只有少数富豪或官宦人家才精雕细作，不同一般（图 3-48）。

图 3-43　韩城党家村党宅入口之一

图 3-44　韩城党家村党宅入口之二

图 3-42　韩城某宅入口大门之一

图 3-45　韩城某宅入口大门之二

图 3-47　韩城某宅入口

图 3-46　韩城某宅入口大门之三

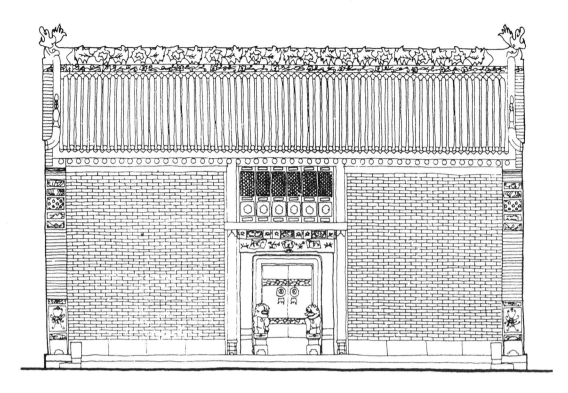

图 3-48 三原孟店周宅立面图

　　倒座其他各间常以磨砖对缝的青砖墙面面向街道，为了安全和私密性要求，多数地区外墙上不开窗，只在韩城地区，有些住宅外墙开圆形高窗。青砖只砌到额枋下端，梁头、檐檩、垫板、额枋等均外露。墙体上部挑出二、三皮砖或做砖雕花饰作为收头。沿街外墙的两端做墀头，作为收头和与相邻住宅的分隔。韩城地区外墙两端墀头上部仍做砖雕花饰，不做墀头时，戗檐下的砖雕花饰突出外墙面，与入口的处理取得一致（图 3-49）。

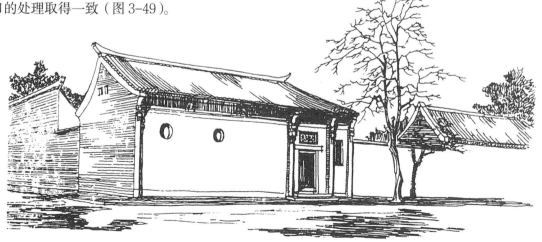

图 3-49　韩城某宅外观

关中大多数民居屋面为小式瓦作，铺小青瓦两端局部用筒瓦骑缝，檐部加飞椽，屋脊做雕砖或用片瓦组成镂空花饰。少数大户人家住宅脊上有兽吻装饰（图3-48）。

关中地区，尤其在西安、三原、渭南一带，每户的用地窄而长，院落层次多，厢房的进深浅，厢房屋顶多做单坡，坡向院内。因此，当宅院处于街角两面临街时，住宅的侧立面往往是以高大厚实的正房和倒座的山墙面以及厢房后墙和稍矮的院墙面向街道。侧面不开窗也很少装饰，只是结合排水要求出挑一排或两排水平小青瓦作为腰檐，起到重点装饰的作用。虽然都是实体墙面，但却因其各组成部分的高低曲直不等，自然形成了富有韵律的外形轮廓（图3-50）。给人以古朴、浑厚的感觉。在韩城地区，有的位于街角处的住宅，为满足眺望街景等功能要求，打破常规做法，在临街二层厢房的外墙面上开窗。厢房的坡屋面、挑檐、挑檐下窗两侧的灯笼状砖雕花饰以及外露的梁枋与精致的木雕窗格，使得原来较封闭的建筑外观变得开敞，颇有生气（图3-51）。

图3-50　西安七贤庄八路军办事处侧面

图3-51　韩城党家村党宅外观

（2）两厢山墙临街。关中地区不少传统民居多为三合院布局形成，形成两厢山墙面向街道。一般为硬山到顶，屋面做双坡或单坡。单坡顶都坡向院内。硬山墙上部山花部分设通风小窗，小窗的花格用瓦片组成或做雕砖花格。大门门楼设在两厢山墙之间，是立面的重点装修部分。有的高于院墙做成以木雕为主的垂花门，有的低于院墙并以院墙为承托，搭水平椽向内外挑出做成对称式门楼，有的精雕细作，有的朴实无华，形式变化多样，与浑厚、封闭的高大山墙面形成对比，使得整个建筑外观显得生动活泼。有的村庄沿街两排住宅皆为此种形式，但却因门楼形式多变，各具特点、在统一中有变化，并不显得千篇一律（图3-52～图3-55）。

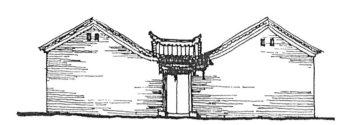

图3-52　三原鲁桥镇某宅立面图之一

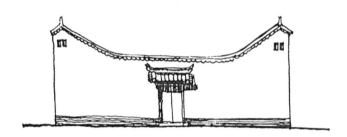

图3-53　三原鲁桥镇某宅立面图之二

图3-54　韩城薛曲村某宅入口

图3-55　韩城某宅入口

以上是关中民居中最普遍和最典型的两种外观形式。此外在农村中，由于用地和经济等条件限制，很多民房的平面布局比较简单，外观造型却也表现出不拘一格。如有的住房沿用地两垂直边呈曲尺形布置，其他两边为院墙。三开间单坡倒座面向街道，单坡屋面坡向院内。沿街外墙不开窗，大门居中做门楼（图3-56）。也有的是一间单坡倒座和单坡厢房山墙面向街道，大门和门楼设在中间院墙上，门楼高于院墙之上（图3-57）。还有的住宅平面呈一字形布置，用地三面均做院墙，单坡厢房山墙和短外墙临街，院墙上开门洞做门楼，或将大门门楼设在山墙面上（图3-58（a）、（b））。形式不一，各具特色（图3-60～图3-62）。

图 3-56 三原某宅立面图之一

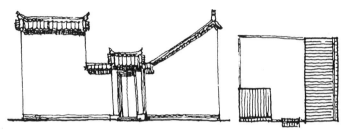

图 3-57 三原某宅立面图之二

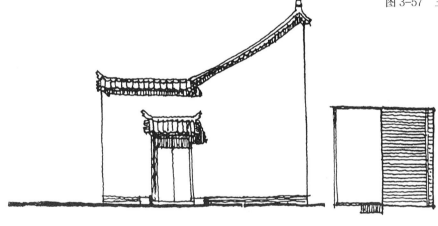

图 3-58（a） 三原某宅立面图之三

图 3-58（b） 三原某宅立面图之四

2. 土筑墙与建筑外观

关中地区地处平原，雨量少，地下水位低，土层厚土质塑性强，因此作为维护结构的墙体除采用砖墙外，很多住房用土坯或夯土墙，甚至西安地区的中等质量民居的沿街外墙、厢房和正房后墙、后院墙也都如此。土筑墙在农村中更是广泛应用。其做法有两种：

（1）夯土和土坯结合　一般做法是下部墙体（约为墙高的2/5或3/5）做夯土墙，上部砌土坯，每隔3～4层土坯砌一层青砖加固墙体。土坯墙外抹麦草泥，青砖外露形成蓝灰色的水平条带。在夯土墙与上段土坯墙的交接处，因厚度不同形成台阶，台阶卧以草泥，上铺小青瓦做披水保护下部墙体不受雨水侵蚀。有时房屋的夯土墙与院墙连成一体，外露的青砖条带和小青瓦披水使高大的墙体显得平稳舒展。同时由于材料的质感和色彩不同形成对比，使补实的建筑外观不感到单调（图3-59）。

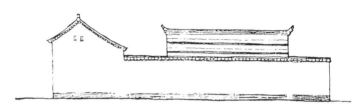

图3-59　澄城县某宅侧面图

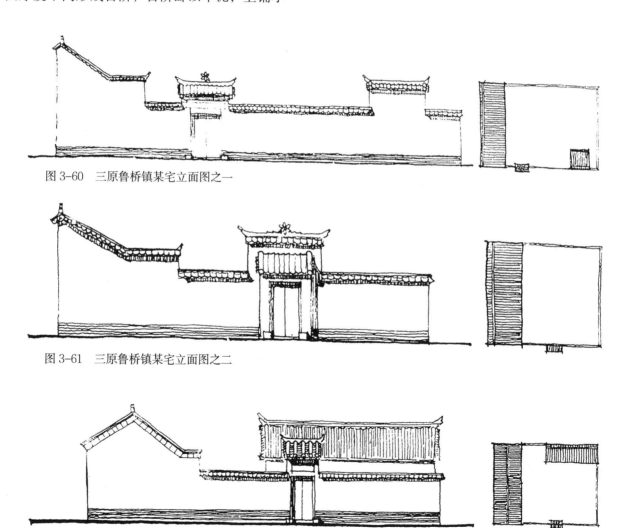

图3-60　三原鲁桥镇某宅立面图之一

图3-61　三原鲁桥镇某宅立面图之二

图3-62　三原鲁桥镇某宅立面图之三

（2）土坯墙　在西安、三原、渭南一带农村中大量房屋墙体及院墙用土坯砌筑，外粉草泥。土坯墙下砌青砖勒脚，高者1米，低的砌4～5皮砖。屋面铺小青瓦。硬山墙上部搏风板用青砖立砌，厢房后墙上部，封火墙和院墙用青砖或小青瓦压顶。大门设在院墙上时，门楼常高于院墙之上以突出入口。整栋建筑很少装饰，仅在门楼、屋脊、院墙转角处，用瓦片组成花饰做重点装饰。大面积的土筑实体墙面配以轻巧的瓦饰构件和造型美观的门楼，使其外观造型稳重而不笨拙，朴素而不单调，显示了黄土高原以土为主要建筑材料的质朴、自然的建筑风貌，使人感受到亲切、浓郁的乡土气息（图3-60～图3-62）。

二、陕南民居的平面布局、空间处理与建筑造型

（一）平面布局与空间序列

陕南地区的一般农宅以一字形平面居多（图3-63（a）、（b））。少有L形平面。一字形平面的开间数，从二间至七间不等。由于夏季湿热，乡间农宅作开敞式庭院居多。城镇的一字形民宅往往直接临街，并有封闭的后院。L形平面有的仍是开敞式庭院，有的则用围墙围成封闭或半封闭庭院，形成近似三合院的空间，面对正房的墙做成影壁，设花坛，形成怡静、幽美的前庭空间（图3-64）。

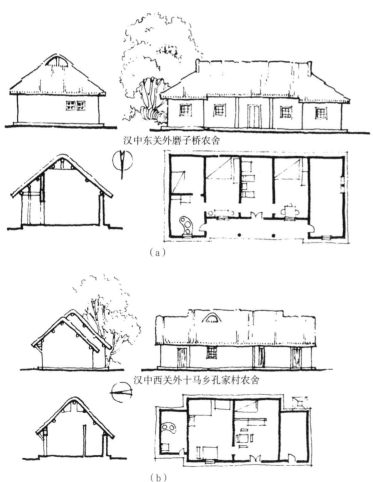

汉中东关外磨子桥农舍

（a）

汉中西关外十马乡孔家村农舍

（b）

图3-63　四个一字形农家住宅

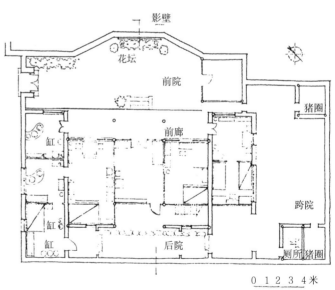

影壁
花坛
前院
猪圈
前廊
缸
跨院
缸
缸
后院
厕所猪圈

0 1 2 3 4米

图3-64　略阳陈宅平面图

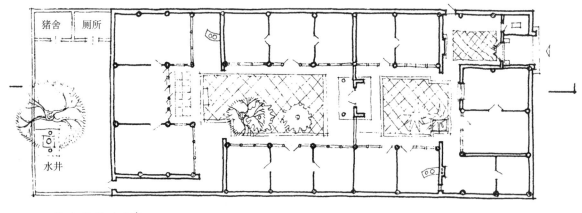

猪舍　厕所

水井

0 1 2 3 4 5 米

（a）芦宅平面图

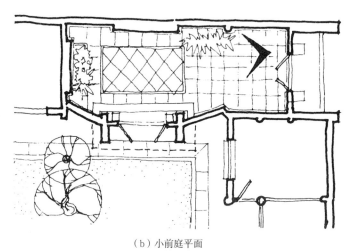

（b）小前庭平面

图 3-65　城固芦宅

（c）小前庭透视

在较大的民宅中，均为三合院、四合院的布局，这也是典型的中国传统宅第建筑的平面布局。外观是以实墙面为主的封闭空间，但进入庭院后则豁然开朗，别具洞天，可谓闹处寻幽，是采用隐和露、抑和扬的对比手法。这与我国封建社会的礼教、治安及住户的私密要求有关。从宅院大门一般不直接进入庭院，而是以门廊或入口门道、影壁、垂花门等构成紧凑的小前庭作为先导空间，再步入较为舒展的主庭院，它所构成的空间艺术效果，是通过有组织的空间序列向纵深层次逐步展开而获得的（图 3-65）。

由此可见，我国营建民居的匠师们很早就运用了建筑空间的转换、对比与流动的手法，以加强建筑组群的艺术感染力。

从一座庭院纵断面分析中可看出，随着人们的视线按顺序移动，层层空间逐步展示，从大门望影壁经垂花门，进入前庭穿越平房步入中庭，停立其间观景赏花，再步入正厅，至此，才达到了空间序列的高潮（图3-66）。

平面布局服从于功能使用要求。四合院的平面布局是适应当时生活需求的产物。如前庭从简，中庭不仅铺面讲究，并有名贵花木点缀其中，后院也较空疏，一般略植几株乔木遮阳，主要供操持家务，置茅厕，筑猪栏、鸡舍等。

陕南民居中的四合院布局，除具有北方民居的一般特点外，还兼蓄南方民居灵活多变的布局手法。从布局的层次上分类，可有：一进院、二进院、三进院等（图3-67）。这种院落的纵深层次，往往显示出宅第的规模，并反映着房主的社会地位和财力物力，此外也受地形条件所制约。二进院、三进院多为官宦、富商、豪绅宅第，这是封建社会等级制度的反映。例如西乡县明末清初曾官居二品都察院的李某住宅（图3-68）的厅堂布局就符合"一品、二品厅堂五间九架"的规定。但后人打破了这些规定，特别是偏僻村镇民宅更不受此法所约束了，主要着眼于和自然环境融合，充分利用地形、地貌，顺其自然，量体裁衣，因地制宜，巧妙安排，使建筑的"场所精神"及"环境意念"得到充分的发挥。因此仅就四合院布局形状来分也是有变化的，如：正方形、矩形、带形、L形及品字形的布局（图3-69）。

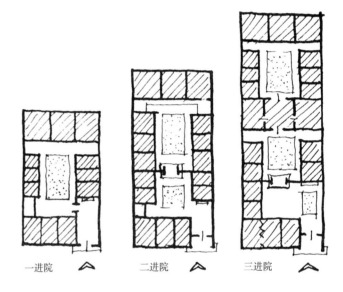

一进院　　　二进院　　　三进院

图3-67　三进院平面图

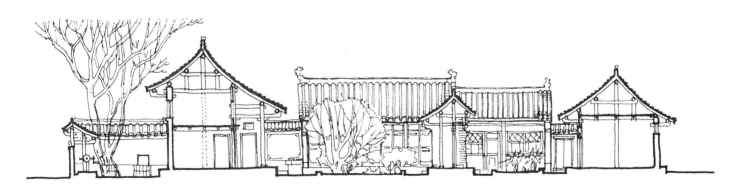

图3-66　城固芦宅剖面图

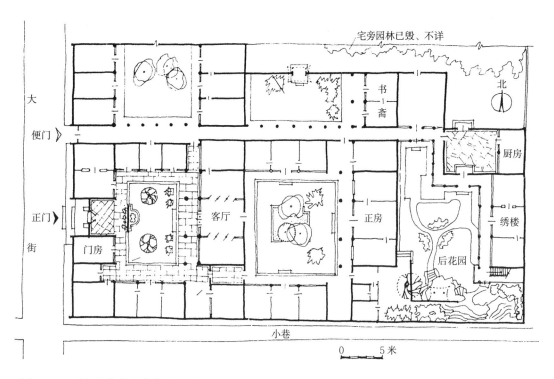

图 3-68　西乡县李察院府邸平面图

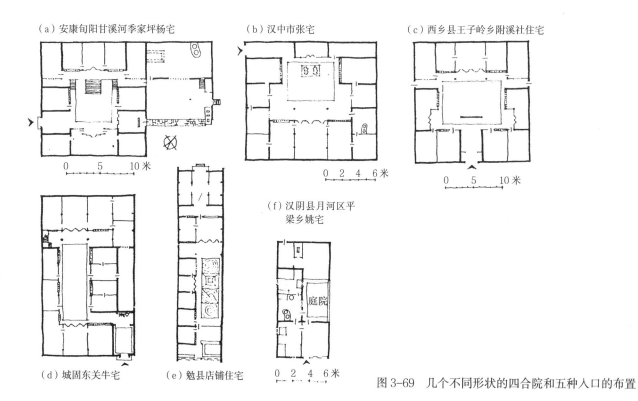

（a）安康旬阳甘溪河季家坪杨宅　　（b）汉中市张宅　　　（c）西乡县王子岭乡附溪社住宅

（d）城固东关牛宅　　（e）勉县店铺住宅

（f）汉阴县月河区平梁乡姚宅

图 3-69　几个不同形状的四合院和五种入口的布置

为了适应地形、地貌的需要，宅第的入口在布局上有：正入口、东西侧入口、背入口、双入口等多种布局。

沿街铺面住宅的平面布局，在本地区的手法比较统一，由于一面临街，房屋的面宽受到限制，一般三开间居多（也有两开间的），因此平面只能向纵深伸展，沿二进院或三进院的中轴线对称布置，形成狭长的短形庭院，有的或以檐廊围绕，廊檐通道地面高出庭院半砖至一砖，院中以砖石铺地，坡向一端，设暗沟排水。户内门窗均开向庭院。院内略植花木或置盆景。富裕商号，楼房居多，正房中间作为穿堂，最后一进庭院的正房做客厅、主居室，两厢房供客商和店员居住。由于邻里毗连，院落较窄，加之廊檐出檐深远，所以从院落向上观望，犹如："一线天"，日照及通风均受到影响。

山区住宅的平面布局及空间处理，受到地形变化的限制，手法独特，如陕南旬阳县城建在山冈上，有较多的四合院住宅循山坡建造，巧妙地利用了地形的坡度，使建筑物与山坡组成一体。一般正房居高布置，进入院子，通过石阶到达正房（图3-70），厢房地面与正房地面的高差约1.5～2.0米左右；如高差再大，则把厢房建成两层，从正房台阶上几步便到厢房二层外廊。有的住宅大门开在坡下的前方，居高的正房侧门则连通坡上的后巷，两条巷的高差达3米以上。

图3-71是一处大宅院，三个平行的院子，中间院子是祭祖的，两侧院落兄弟俩各居一院，二楼全部用廊子连接，三个院子都有直通套院的门，窄长的套院，把三个院子联成整体。大门斜开在院子的一端（不开在两侧为了避免产生局促感）。前屋一层部分隔断墙可移动，打通后可作宴客之用。这是依山坡建屋的民居类型之一。

图3-70　旬阳某宅正房

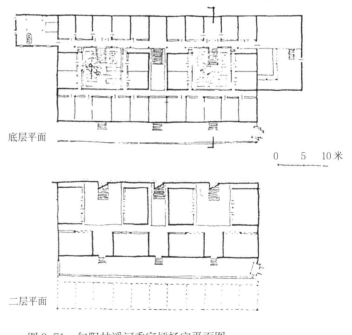

底层平面

0　　5　　10米

二层平面

图3-71　旬阳甘溪河季家坪杨宅平面图

有的山坡住宅为了节地，在山腰上依崖建造，这是山坡住宅的又一种类型（图3-72、图3-73）。

图3-72　蜀河镇山腰建筑群

图3-73　旬阳山腰某农宅

（二）建筑造型

民居的造型美主要是依靠得体的平面布局和比例适度的空间处理，以及群体组合效果，很少矫揉造作，弄虚作假。陕南由于气候湿热多雨，房屋出檐深远，有的达1米以上，两层房屋的底层外墙常以砖、石、土坯填充，二层外墙多以竹笆木板填充，有的在竹笆外抹草泥，刷白灰浆。木构架均外露，在材料质感的对比上取得上轻下重的稳定感。较一般地区清一色的土坯、砖石建筑显得轻巧活泼。旬阳山旁某宅（图3-74）和旬阳的刘宅（图3-75）均是运用建筑自身稍加修饰而取得自然美的佳作。

图3-74　旬阳山旁某宅

图 3-75 旬阳刘宅

封闭式四合院的建筑造型，由于正房体量大，比较高，有的带阁楼，有的正房做成二层，厢房相对较低，影壁、围墙、大门更低，屋脊方向有横有竖，由于改变了方向，厢房山花迎面，从而在体形上打破了单调感，由于前低后高，造型富有层次感，构图上取得了既统一又变化的外观造型。大小屋脊又有举折和升起，且有多姿的瓦饰相陪衬，因而形成了一个柔和的曲线轮廓，更增了韵律感。再加上精巧的入口门楼装饰，玲珑的山花小窗和挑檐阴影，构成了一个生活气氛浓郁的丰富多姿的建筑形象（图 3-76）。

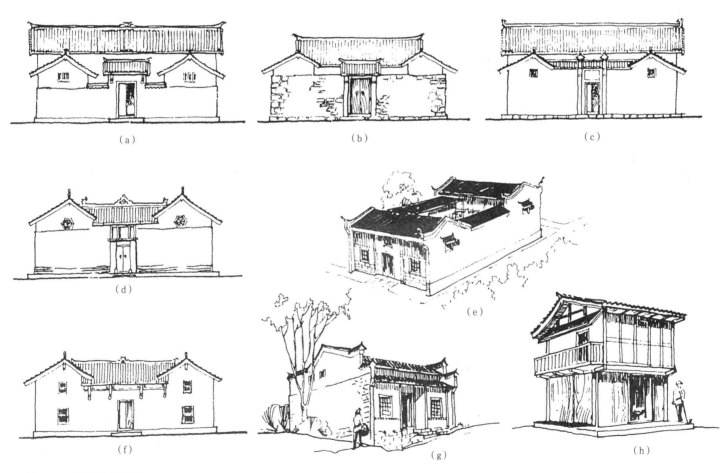

（a）　　　　　　　　　（b）　　　　　　　　　（c）

（d）

（e）

（f）　　　　　　　　　（g）　　　　　　　　　（h）

图 3-76 外观造型集锦

封火山墙与马头墙的较广泛应用以及为争取空间的二层出挑处理丰富了陕南民居建筑造型的轮廓线（图3-76g）。加上雕饰精美，富有曲线的脊瓦和墀头砖、木雕饰，使其民居造型与陕西其他地区明显不同。此外，在多山的陕南地区，为了充分利用地段，并避洪害，建筑大多上山上坡，远观村镇，但见房屋顺应山势随山势起伏，层层叠叠与自然景观浑然一体，既壮观又构成了明显的环境标志（图3-77），近看房屋随山路陡坡修造，高低错落，曲折变化，加上广泛应用山石铺路筑墙，更增添了浓郁的地方色彩（图3-78）。

图 3-78　旬阳城关

在陕南因地区不同建筑外观也有差异，汉中、勉县、南郑用木构架，砖墙或土坯墙填充，楼层用木板作围护墙（图3-79）；城固曾为盐商集居之地，城固城关盐店巷宅第做得讲究，如用石勒脚、砖墙、透雕垂花门、木雕屏门等（图3-80）。

图 3-77　旬阳蜀河镇

图 3-79　汉中城关店铺

图 3-80　城固城关盐店巷王宅

略阳整个城镇建在山坡上，建筑布局采取阶梯形沿等高线布置。它临嘉陵江紧靠四川，生活习惯与四川相通，建筑风格上也带有川味。典型的形式是一层房屋带阁楼，下部墙面用石砌，或用夯筑墙、土坯墙，阁楼墙面用竹笆，不做粉刷，以利通风。阁楼木构架外露（图 3-81、图 3-82）。

图 3-81　略阳街道

图 3-82　略阳山区住宅

安康地区的安康、汉阴在建筑风格上受湖北影响，据说明清年间有很多湖北工匠逃荒到汉阴，带来了湖北风格，如马头墙的造型、高高的翘脊用碎瓷片嵌砌等手法（图3-83～图3-88）。

图3-83　安康袁家台袁宅

图3-84　安康城关顾宅

图3-85　安康新农宅

图3-86　汉阴农宅

图 3-87　汉阴新农宅

图 3-88　石泉山顶住宅

　　旬阳城关与蜀河地处汉水与旬河、冷水河汇合处，为了避免丰水季节的水患，整个城镇建筑在山冈上，用地紧促，因而楼层建筑居多，为了争取楼层面积，楼层出挑较多，有的三层过筑，上面两层均出挑，这种吊楼与挑楼的形式，形成了这一地区民居的独特风格（图3-89～图3-95）。

图 3-90　蜀河镇建筑外貌

图 3-89　旬阳城关建筑外貌

图 3-91　旬阳城关某宅

图 3-92　旬阳王宅

图 3-94　旬阳城关郭宅

图 3-93　旬阳城关街景

图 3-95 蜀河镇吴宅

三、陕北民居的平面布局、空间处理与建筑造型

陕北地区由黄陵、富县、宜川、延安、绥德、佳县、榆林、神木、府谷等县组成。它是我国历代王朝的战略要地，北部诸县更是如此。由于长期战乱等影响，完整的古建留存很少，现有的传统民居基本上都是清末及民国初年的建筑。

陕北地区的民居主要有四合院式民居和窑洞式民居两种类型。本部分主要介绍四合院式民居。

（一）平面布局与空间处理

陕北地区的四合院式民居由于受自然环境、文化与经济发展水平的影响，其平面布局类型不多，主要有：独院式（单数开间独院、双数开间独院）及套院式（横套院、纵套院）。关中地区那种多进的套院布局型式，在这一地区比较少见，除了个别的大户外，一般多为独院或双套院。

1. 独院式平面

陕北地区由于气候比较寒冷，为了争取良好的日照条件，避免遮挡，其主庭院都比较宽敞，这与关中地区的狭长形的庭院有明显的差异。庭院的宽度最少为五开间（约15 米左右），多者可达九开间。庭院的深度多为三开间的厢房另加两开间的过道约为 12 米（图 3-96、图 3-97）。

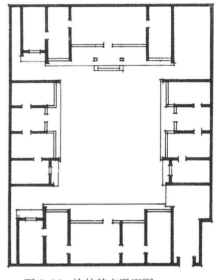

图 3-96 榆林某宅平面图

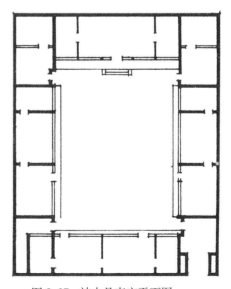

图 3-97 神木县李宅平面图

平面布局都循南北方向的轴线左右对称，中间为5～7开间不等的坐北朝南的正房，与其相对的是倒座，轴线左右两侧为厢房。平面布局极为严谨，不仅各房间以庭院的中轴线为轴左右对称，有的民居的主庭院通向四角的小前庭也采取对称手法分别设有四个形式相同的角门与主庭院相通，构成了完整、严谨的主庭院空间。宅院的大门一般均布置在宅基地的右角，直接面向街道。正房均以条石为台基，高度为45厘米左右，设三步台阶。正房的开间约为3米，进深约5米，其体型较院内其他建筑均高大，装修也格外考究。正房面对庭院的一侧有的设连续五间的通长檐廊，廊深1.5米左右，有的只是中间三开间设有檐廊称为抱廊，这种檐廊有良好的日照条件，又可避雨，为人们提供了户外活动的场所。正房的外貌：窗台以下均为青水砖墙，上为支摘式的木雕窗扇。中间开间设木隔扇，门外面多装有十分精致的木雕门罩，夏天用以挂竹帘，冬季另加外门以防风寒（图3-98）。木构均为小式木做，屋顶是两坡起脊的青瓦屋面，当开间较多时，为减少大面积坡屋面的单调感，在中间三开间与其他开间交接处，往往做三排筒瓦骑缝，把过长的屋面加以分隔（图3-99）。

图 3-98　门罩

图 3-99　正房及庭院透视图

正房的中间三开间为堂屋，它主要作为敬神祭祖、婚丧嫁娶时的礼仪活动场所。尤其是神木县靠近内蒙古多数居民笃信佛教。所以堂屋内多设有用精美的木雕装饰的佛龛，龛前放置方桌，两旁布置竖柜等家具。堂屋两侧是用木隔断分隔的主人卧室和工作与休息的房间。卧室内沿南墙都砌有火炕。

正房的两侧一般都有 1 ~ 2 间不等的耳房，它的开间和进深都比正房小，耳房一般都作为主人子女的书房或厨房。每个耳房前都设有一小前庭，在这个小空间内有的在一角种上几株花卉，有的点缀几棵丁香，使小小的庭院给人以静谧清幽之感。小前庭通过一孔拱形的小门（称为角门）与宽敞的主庭院相通。分隔这大小两个空间的角门处理得十分精细（图 3-100），每个角门的门楣上都雕有许多精美的砖雕花饰和文字，如："兰芳"、"桂馥"、"积厚"、"祐受"等。在与角门相对的前方多有一隐壁与其对应。

主轴线上和正房相对应的是五间倒座（关中地区称为门房），它一般都处于坐南朝北的位置，其间数与正房相同，开间大小也基本一致，但进深较小，台基也较低（只设一步），其体型要比正房低，装修也较简洁。一般中间三间为客厅，两侧间为居室。倒座的两侧左为柴房及厕所，右为本宅的大门。

主轴线的左右两侧为厢房，四 ~ 五间左右，多者可达八间。当开间较多时，为减少主庭院的狭长感，往往用花墙把庭院分隔成前后两部分（图 3-101）。

这种平面布局，在宅基地处于路南的时候，为了使正房保持坐北朝南的良好朝向，常把正房布置在靠近宅门的沿街位置。在空间组织上，为了保持正房的安静和地位的差别，在堂屋与主人的居室前设一个大露台，露台周围砌有低矮的花格栏杆，既可就坐休息，又可放置花盆。这个大露台使主人的五间正房与周围的其他房屋既有地面高差的变化，又有局部的空间围合。可见陕北的传统四合院民居在其严谨的传统布局中，仍有较灵活的局部变化（图 3-102）。

图 3-100　前庭与主庭院间的角门

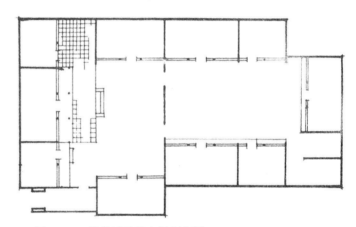

图 3-101　狭长庭院的空间划分图

图 3-102　庭院局部透视图

第三章　平面布局、空间处理与建筑造型　73

厢房开间较多的民居，主要见于人口较多的家庭。用花墙把狭长的庭院一分为二不仅改善了空间的视觉效果也减少了使用中的互相干扰，改善了居住环境。

在独院式民居中，还有一种双数开间正房式的布局（图3-103）。这种平面布局适应于家中有兄弟两个地位不相上下的主人，每人四间上房（两间堂屋，两间居室）。这种布局由于总的面宽加大，所以庭院更为宽畅。为了保持正房两端房间的日照条件，加大了正房与厢房间的距离，并取消了角庭院的围墙，使正房前面形成较开阔的空间，避免了遮挡。其厢房与倒座的平面形式和功能与前面所介绍的基本一致，仍保持着较完整的对称式平面布局。

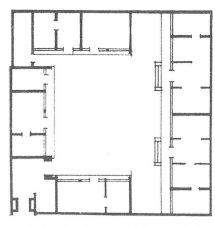

图3-103　双开间正房的院落平面图

2. 双院式平面

对于人口较多的住户，单院式的平面布局满足不了居住的需要，因而形成了一个宅门并联两个院落的双院式的平面布局。（图3-104）

这种双院并联式民居、主、次院各有一中轴线，每院基本上仍保持对称式布局。主、次院的房屋在建造规格上有明显的差别：主庭院较宽畅，正房仍保持着高台基，大进深，装修考究等特点。而次院中的房屋建造规格都比主院要低。这种并联式双院住宅既可供多子女的住户居住，也可供铺面、住宅并列的住户使用。在陕北地区

经常可以见到这样的布局方式，一般采用左宅右店的布局，右面庭院临街房屋为店铺，厢房用来作库房，倒座或者正房则用它作为店主的账房。

陕北地区的北部，历史上一直是战略要地，崇武风尚很重，重要的官家在内地较多，大的商贾富人也较少，经商也以贩卖毛皮、牲畜者较多，因此大的宅院极少，民居的平面形式比较简单。

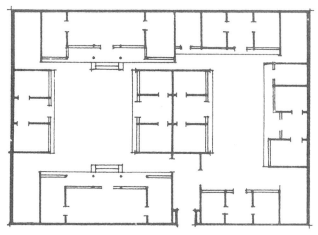

图3-104　榆林李学士中巷某宅平面图

3. 宅门入口的平面形式及处理手法

陕北地区的一般百姓民居的宅门总是居于整个庭院主轴的一侧，位于宅基地的右下角。有的宅门的路对面墙上还建有一照壁，上面雕有象征吉祥如意的砖雕图案或题字，创造了一种安详和谐的环境气氛，也使得这一空间产生了一种相对的停留感。进入宅门是一个尺度十分紧凑的前庭，正对宅门的山墙上多有一幅十分精美的砖雕照壁。其中尤以神木地区的砖雕最为华美精致。前庭的左侧是通向主庭院的角门，另一侧与角门相对应的院墙上往往砌筑有一个小神龛或点缀一组盆景，使得这一小前庭空间有序而又多变。穿过角门便进入了豁然开朗的主庭院。

各种宅门的平面形式见图3-105～图3-107。

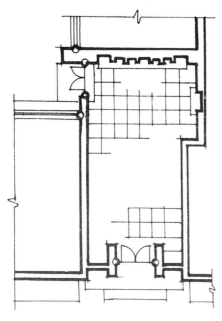

图 3-105　南、北向入口

图 3-105 的宅门平面适用于宅基地在道路的北侧或南侧。形成南向或北向的沿街入口。

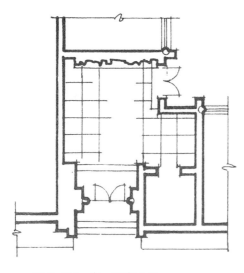

图 3-106　东、西向入口

图 3-106 的入口适用于南北走向的街道或小巷，宅基地位于路东或路西，宅门直接面向街道。

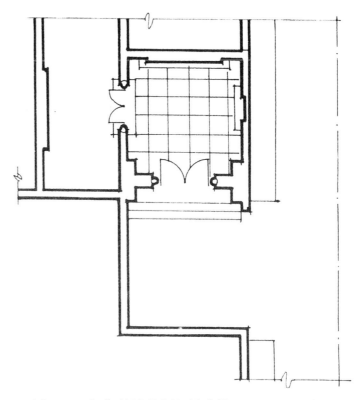

图 3-107　街道西侧宅基大门开向南侧

图 3-107 入口的宅基地仍位于街道的西侧或东侧，而大门却开向南侧，这时在宅门前又形成了一个小的停留空间，有利于保证住宅的私密性，避免了大门与角门相对，造成视线穿通的缺点。

陕北四合院式传统民居与我国北方其他各省的四合院式民居有共同的特点：中轴对称，布局严谨。同时又由于陕北地区经济和文化条件的限制，民居的平面形式大多体现了布局简洁，强调适用的特点。由于它地处北寒带，冬天气温较低，为了争取良好的日照条件，因而形成了主庭宽畅，前庭紧凑的特殊风格。为了使宅庭隐蔽与安静，而入口又要突出，因而在大门的布局与处理上形成了宅门梠角，装修精美的特点。

（二）建筑造型

陕北地区四合院民居的建筑外观和形式与关中地区的四合院民居大同小异，只是因为陕北民居的庭院较大，宅基地的面宽与进深均较大，所以在倒座或正房临街时，大门是独立于建筑之外，形成了构图中心，更有利于突出入口（图3-110）。而关中地区往往把入口组织在倒座房屋中，作为一个开间来处理（图3-108）。

大门两侧的墀头突出于院墙而与房屋的外墙持平，墀头上部为挑砖叠出的饯檐，上面有砖雕的花饰，多是麒麟走兽等吉祥的象征物。大门上面的正脊和垂脊都用花砖砌筑，端部饰以兽吻，垂脊下面用饯脊收头。屋面为小青瓦上扣筒瓦合缝，檐口用瓦挡和滴水收头。大门的外面还有门柱，上部有精致华丽的木雕雀替和镂空的花雕额枋和斗栱，构成了精美别致的门楣装修与沿街倒座房屋的青水砖墙形成了鲜明的对比使入口更为突出（图3-109）。

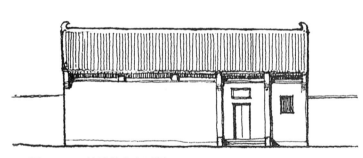

图3-108　韩城某宅立面图

图3-109　神木县大门装修

沿街的正房或倒座，一般均以条石或毛石为勒脚，上砌青水砖墙至额枋。梁头雕成云头状，檐檩、垫板及额枋等均外露，墙的两端为叠砖收头。屋顶的正脊和垂脊一般为砖雕花脊，而戗脊为筒瓦叠砖砌筑。脊的端部用兽吻收头，屋面一般用小青瓦，两侧各扣三排小青瓦或筒瓦骑缝，当地称为："五脊六兽排三瓦，倒插飞檐张口兽"的形式。每户屋面的烟筒上均砌筑有砖雕的烟罩，一般把它做成一至二层的小亭子形状，既避免烟筒倒风，又美化了烟筒的造型。沿街房屋与大门相对应的另一侧，是较低矮的柴房和厕所，其屋面有的为双坡，有的为单坡，或坡向内院或坡向街道，没有固定形式，但其屋脊总是低于倒座，这倒形成了沿街立面高低错落的外形变化（图3-110、图3-111）。

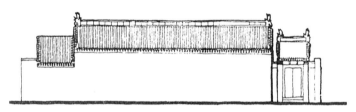

图3-110　榆林某宅沿街立面图之一

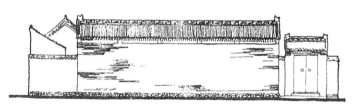

图3-111　神木某宅沿街立面图之二

当两套院落并联时，大门设在中间，从沿街立面的外观上也都可以明显地表现出主、次院的不同建造规格。两院的布局仍遵循左主右次的安排，左院临街的房屋的开间数和屋脊的高度都多于和高子右院的临街建筑（图3-112）。

在南北走向的街巷，陕北四合院民居都是厢房临街，严格保持正房的南北朝向。这时大门往往开向东或西，也有的民居在大门前退出一个小空间，而把大门开向南面。这时沿街的建筑轮廓线是由大门、围墙、厢房的屋脊，角庭院的围墙及正房或耳房的山墙形成，使沿街立面更富有高低起伏的节奏感。神木地区在其围墙内设有神龛及照壁，所以其墙头处理也十分讲究，墙头上经常有起脊和兽吻出现，这是其他地区民居所少见的（图3-113）。

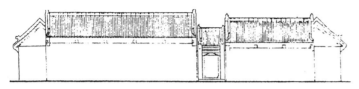

图3-112　榆林郭宅沿街立面图

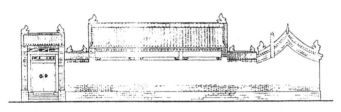

图3-113　神木白宅沿街立面图

陕北地区四合院民居的外观造型除保持着关中地区的古朴、浑厚的风格之外，更具有装修精美，手法严谨的特点。尤其是神木地区的砖雕与木雕处处都给人以美不胜收之感。因为该地区多为独门独院，建造财力比较集中。装修精美的程度往往反映了主人的经济状况与地位。

四、窑洞民居的平面布局、空间处理与建筑造型

陕西省地处我国黄土高原的中心地带，除陕南地区外，全省大部分地区适于建造窑洞，其中以陕北和关中的渭北一带比较普遍和典型。

陕北地势高，土层厚，多少年来由于水土流失严重而形成了沟壑纵横、梁峁层叠的地形地貌。加上气候干燥，降雨量少，木材紧缺等原因，以往陕北除平原城镇中的富户建造砖木宅院外，广大村镇居民多利用山坡、沟壑靠崖沿沟挖筑窑洞民居，或就地取材砌筑独立式砖石拱窑。

关中的渭北一带，处于黄土台原区，崖高土厚，除挖窑外当地农民常选择土层厚且土质均匀密实的地方挖坑形成井院，并沿坑的四壁挖筑窑洞，构成独特的下沉式窑洞民居。

（一）单体窑洞的平剖面形式

1. 平面形式

单体窑洞的平面大多为一字形，窑体宽度前后一致，呈筒型，此种窑洞挖筑方便，并利于家俱布置和采光通风。因各地的气候条件和习俗不同，平面形式也略有差别。如有的窑室前大后小，称为大口窑。它的采光通风好，室内显得开敞明亮；有的窑室前小后大，称为锁口窑，利于避风保温；也有的因在挖掘过程中遇到土质变化而将窑室斜向布置，称为斜口窑。为了扩大使用空间，有些在侧壁挖壁龛供贮存物品之用，形成了L形和十字形平面（图3-114）。

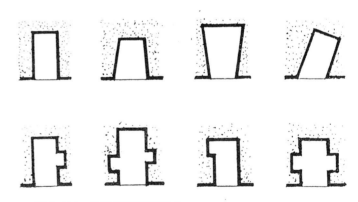

图3-114　单体窑洞平面形式

2. 剖面形式

窑洞的纵剖面形式也和平面一样多种多样，其中最常见的是前后同高的平直型；也有前高后低的喇叭形，也称大口窑；前低后高的楔形，又称锁口窑；还有拱顶高低不一的台阶型等等（图3-115）。

图 3-115　单体窑洞纵剖面形式

为了保持窑体的稳定性和受力合理，窑洞的横剖面形式皆为拱形，其中以双心拱和三心拱最为普遍，公共性的窑洞建筑常用半圆拱，也有的窑洞采用平头三心拱和抛物线尖拱（图 3-116）。

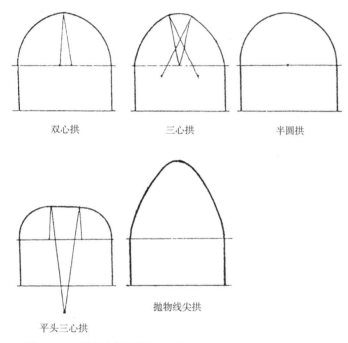

双心拱　　　　三心拱　　　　半圆拱

平头三心拱　　　　抛物线尖拱

图 3-116　单体窑洞横剖面形式

（二）平面布局与空间处理

1. 靠崖式窑洞

窑洞都依山、靠崖、沿沟顺等高线布置，其平面形式随地形的变化略有不同。一般每户前都有院落。

（1）窑洞呈一字形布置

当山坡前有较宽阔的川地或冲沟时，在山崖或冲沟两岸崖壁基岩上部的黄土层中开挖窑洞，洞前经过平整

后，砌围墙形成院落，一般在围墙中部开大门（图 3-117）。

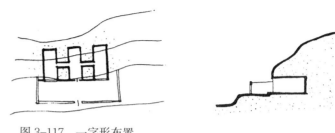

图 3-117　一字形布置

每户的窑洞数量随人口多少而不同。有的仅设独立的单孔窑，有的两窑毗连相通形成一明一暗的双孔套窑，有的三孔窑毗连形成一明两暗。窑室之间用走道联系，明间作为起居用开门与院落相通，其他供居住的窑室仅向院内开窗（图 3-118）。

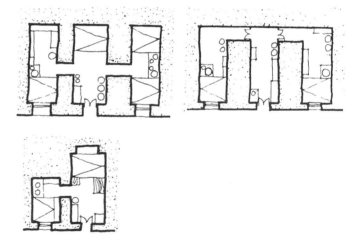

图 3-118　窑洞间的联系方式

厨房的布置方式有三种：第一种是在院内搭披屋或将一单孔窑洞做厨房。此种布置卫生条件好；第二种是将厨房设在明间与起居活动相结合；第三种是将炉灶砌在居窑内与炕连在一起，利用做饭的余热取热，但卫生条件较差。

在陕西窑洞民居中，厨房的设置及窑洞之间的联系方式基本相同，不再重述。

（2）窑洞呈L形布置

在山坡转弯处切土，使用地成L形，沿两垂直崖壁开挖窑洞，基余两边砌筑围墙开大门形成院落（图3-119）。

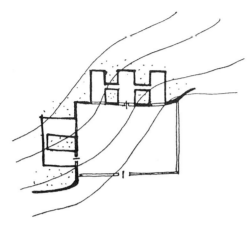

图3-119　L形布置

（3）窑洞呈∩形布置

当山坡前用地较窄时，在山坡上切土，前边砌筑围墙形成凹院，在三个崖壁上开挖窑洞（图3-120）。

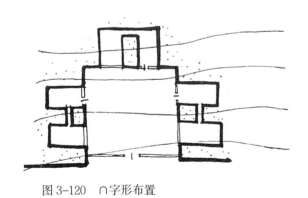

图3-120　∩字形布置

2.下沉式窑洞

在关中渭北台原一带，如永寿、淳化、乾县等地，当地农民挖下沉式井院，沿四周崖壁挖掘窑洞形成地下天井四合院。

下沉式天井四合院的尺寸，当为9米×9米时，可挖掘八孔窑洞；当为9米×6米时，可挖六孔窑洞，其中

有一孔做门洞，设坡道通往地面。由于家庭人口和经济条件的不同，洞室的数量和院落的布置也有差别。

（1）独户独院

一个地下天井院为一户。如乾县吴店村吴宅（图3-121）是典型的9米×9米的8孔窑洞的"八卦窑庄"。有一孔窑与通往地面的坡道连通，在该窑洞的两侧壁上挖小洞室饲养家禽。起居室、居室、厨房、贮存等都本着主次分明、主要用房朝向好的原则，沿四壁布置。

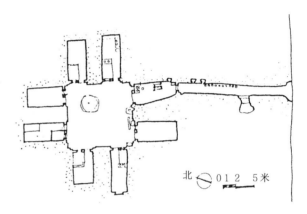

图3-121　乾县吴店村吴宅

（2）两户合院

多为兄弟两户同住一地下天井院，中间用土墙或辅助用房分隔。如西安郝平店张宅即为一典型实例（图3-122）。厨房和土墙把一个庭院分成两半，同用一条坡道，但各院的出入口大门分别设置。

（3）串院式下沉式窑院

为适应家庭人口的增长和分居的需要增加居住面积，开挖新窑院与原来窑院用一孔窑洞联系，如乾县韩家堡党宅（图3-123）。

（4）靠崖式与下沉式窑洞混合布置

该种形式多为沿沟窑与下沉式窑洞混合布置。沿沟壁向内开挖洞室，前面加围墙设出入口大门。在靠崖式窑洞的后边挖地下天井四合院，前庭后院用一孔窑洞联系（图3-124）。

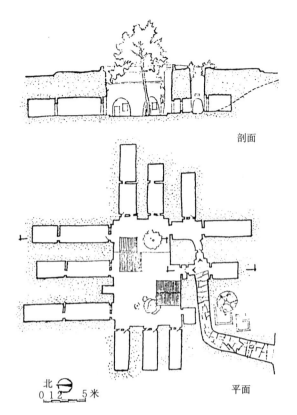

剖面

北 ◐
0 1 2   5米

平面

图 3-122　西安邵平店张宅

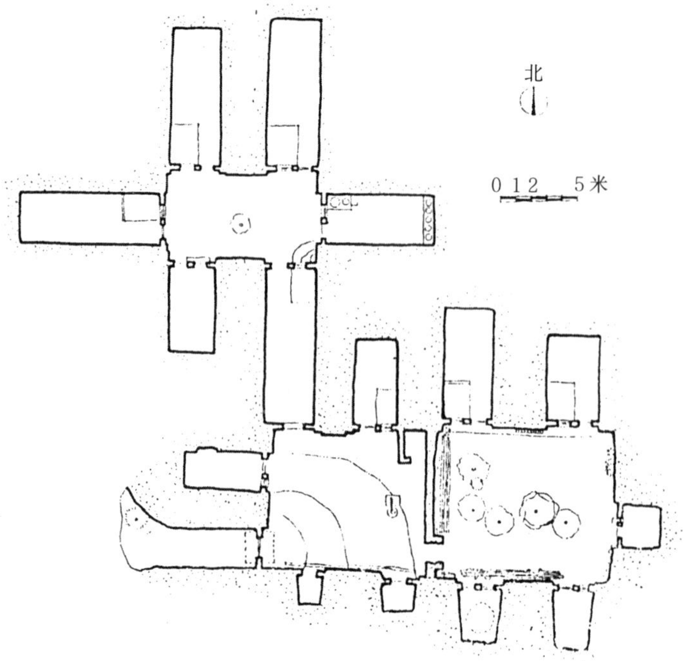

图 3-123　乾县韩家堡党宅

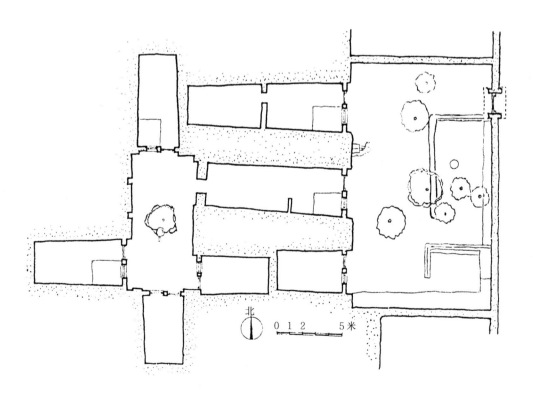

北 ⊕
0 1 2   5米

图 3-124　靠崖式与下沉式窑洞
混合布置

3. 独立式窑洞

在陕北一带，由于水土流失，沟谷切割，基石外露，采石方便，因此石砌独立式窑洞较多。有时也用青砖砌筑。有农家砌筑土坯窑或用黄土夯筑土基窑。

独立式窑洞的平面布置形式有以下两种：

（1）窑洞呈一字形布置。前面及左右加围墙设大门形成院落。也有的农家不设围墙，窑洞直接面向道路。窑的数量根据家庭人口的多少而不同，少至二、三孔窑，多有11孔窑形成的大窑院（图3-125）。

图 3-125　一字形布置

（2）窑洞与砖木或土木房屋混合布置称前房后窑。院落多为四合院形式，入口设在右边第一或第二开间，大门后退，门内形成门厅，经门厅照壁进入庭院或前庭。窑洞四合院的布局形式与一般四合院民居完全相同，正房与厢房轴线清楚，主次分明（图3-126）。

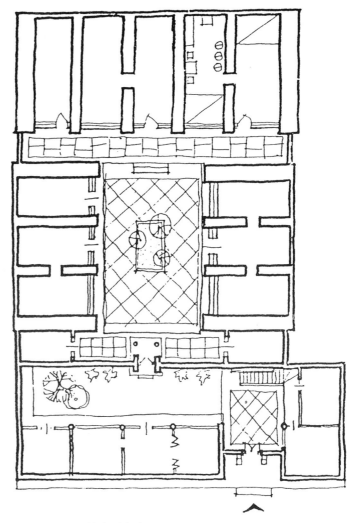

图 3-126　前房后窑式

（三）外观处理

窑洞民居是陕北和关中渭北一带人民千百年来所采取的居住形式，人们因地制宜，巧用自然，为生活和生产创造了必需的空间环境。它不仅满足了功能的需要，其古朴淳厚的外观造型也显示了黄土原区特有的粗犷美，它融建筑和自然于一体，一层层一排排窑洞镶嵌在千沟万壑、窑洞层叠的自然环境之中，在古槐红柳的陪衬下显得雄浑壮美，把黄土高原点缀得生气勃勃（图3-127、图3-128）。

坐落在渭北黄土台塬之中的一座座下沉式窑洞院落，显露在地平线上的仅仅是井院崖壁的女儿墙和院中的树梢，似乎显得过于含蓄，但当人们走近它，俯瞰下去，展现在眼前的却是另一番景象：拱形曲线的窑口，崖壁上部的小青瓦挑檐，通透的木花格窗，在绿树的映衬下显得格外宁静，另有洞天。

窑洞民居的外观及细部处理因地区不同也略有差别。渭北下沉式窑洞的处理较简单，陡直的崖壁用草泥粉光，崖壁上的女儿墙高出地平线。有的窑洞在女儿墙下做小青瓦挑檐以保护崖壁免受雨水冲刷。拱形窑口用青砖砌筑也称卷边或做拱头线脚，把窑室空间轮廓勾画得清清楚楚。门窗分设，窑口上部设气窗。整个外观很少装饰，显得朴实无华（图3-129）。

图3-127　陕北窑洞山村

图3-128　延安宝塔山窑洞山村

图3-129　乾县下沉式窑洞民居

陕北窑洞民居的外观及细部处理较丰富且富于变化，其重点装修部分主要是窑口、女儿墙、护崖檐和木制门窗棂格花饰等。

·窑口（卷边）：陕北窑洞民居窑口的形式都直接反映了窑室的横剖面形式，有的是双心拱形，有的是三心拱形，也有的是半圆拱形，还有的窑洞教堂将窑口做成尖拱形，与尖拱形门窗相协调，表现出教堂建筑特有的传统风格。

窑口的处理因所用材料不同也有区别，一般靠崖式黄土窑洞窑口不做处理，与崖壁一起用草泥粉光，但经雨淋、日晒、风化又年久失修黄土易剥落。砌砖石护壁的黄土窑洞和砖石独立式窑洞用块石或砖立砌发卷成拱，也有的窑口与窑脸砌平不做处理，或在窑口上部拱形部分做拱头线脚向内层层凹进（图3-130~图3-132）。有的户主接受外来影响，打破常规不做窑口，门窗分设，门居中设置，门上气窗做成拱形，两边窗子上部呈半圆拱或尖拱状，低于气窗的高度，而门窗组成的拱形外轮廓还是反映了洞室的内部空间形式（图3-133）。

图3-131　陕北窑洞民居之一

图3-132　陕北窑洞民居之二

图3-130　延安窑洞民居

图3-133　陕北窑洞民居之三

·女儿墙：是避免窑顶行人失脚跌落的防护措施，也可防止雨水冲刷窑睑。一般都用土坯或砖砌成各种图案的花格墙与护崖挑檐结合成一体（图3-134～图3-137）。

图3-136　窑洞民居的挑檐处理之一

图3-134　以花格式挑檐处理的陕北民居之一

图3-137　窑洞民居的挑檐处理之二

图3-135　以花格式挑檐处理的陕北民居之二

·挑檐：在女儿墙下做挑檐以防止雨水冲刷窑睑。其做法多种多样，充分反映了民间匠师的精湛技艺（图3-138）。展示了各种挑檐的形式，有的用石板挑出上部用女儿墙压顶；有的为木挑檐；有的做雕石挑檐梁，梁上承檩椽铺瓦称为雕石翘檐；还有的做叠砖屋檐，砖自顶部层层挑出，并叠砌成各种图案（图3-139～图3-141）。

图 3-139　挑石檐式窑洞民居

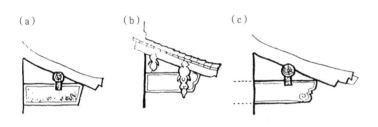

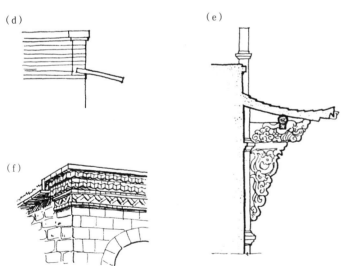

（a）、（b）、（c）挑石屋檐　（d）石板檐　（e）雕石翘檐　（f）叠砖檐

图 3-138　窑洞民居的各种挑檐细部

图 3-140　叠砖檐式洞民居

图 3-141　石板檐式窑洞民居之一

图 3-142　石板檐式窑洞民居之二

·门窗：是陕北窑洞民居中最为考究的装修部位，与渭北下沉式窑洞不同的是满樘开大窗，门在两侧或居中设置与窗连在一起。窗格的图案形式有的呈直纹，有的用斜纹，也有的做成拱形放射形图案等等。形式多种多样，在一樘门窗中，上部窗和下部窗。气窗的窗格形式都不一样。门的形式变化不多，一般都是木板门或下部为木板门上部做成棂格（图 3-130、图 3-131、图 3-134 ~ 图 3-137、图 3-140、图 3-142）。

总之，陕北窑洞民居展现在人们面前的整个外观形式是高大厚实的崖壁，灵活多变的满樘门窗棂格，通透的女儿墙和精雕细刻的雕石翘檐，它们的处理并不花费太多工料，但从整体看，虚与实，轻与重，繁与简的对比却如此强烈，在光影和树影的映衬下显现出一种特有的魅力。

第四章

结 构 与 构 造

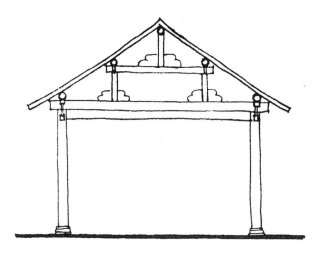

陕西民居的结构体系基本分为两种。一种是以木构架作为房屋骨架的砖木和土木房屋，此种结构形式广泛应用于陕南和关中一带以及陕北部分地区。另一种是利用黄土高原的自然地形和条件，开洞挖窑或砌筑独立式窑洞，拱形窑体集承重与围护作用于一体，省工、省木，经济实惠。此种窑洞式民居主要分布于陕北广大地区和关中部分台塬区。

一、木构架

陕西民居中的砖木和土木房屋与我国传统建筑一样，以木构架作为房屋骨架，承受屋面重量。墙与骨架脱开只承受自重并作为围护结构和分隔空间之用，称之为"墙倒屋不塌"，这就为平面的划分，室内外空间的分隔，门窗的开设提供了自由灵活的条件。构架基本形式分为以下两种：

（一）抬梁式构架

这类构架由柱、梁、檩、椽组成。柱下设置柱顶石作柱础，上部承梁，梁上托檩排椽。陕西民居中的抬梁式构架形式大体可分为：

1. 三架梁、四架梁、五架梁和七架梁

三架梁和四架梁木构架多用于进深较小的房屋，五架梁、七架梁常用于进深较大且内部空间需随使用要求可灵活分隔的厅堂和正房。在农村三架梁式构架的脊柱多用斜撑代替（图4-1）。当椽子用料较短时，在三架梁的一边梁上设童柱，用以承托云梁和腰檩。云梁的另一端与脊柱榫接成四架二柱也可称为四架梁式（图4-2）。

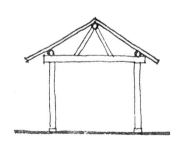

图4-1　三架梁加斜撑代替脊柱

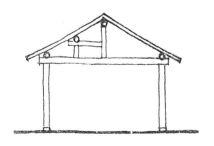

图4-2　加云梁腰檩的四架梁式构架

关中地区有些大型民居将中厅构架做成七架梁式，但降低脊柱，使青檩和上腰檩间距减小，约等于其他檩距的1/2，屋面成小卷棚式（图4-3）。

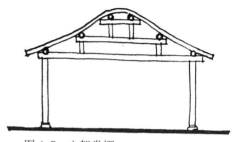

图4-5　六架卷棚

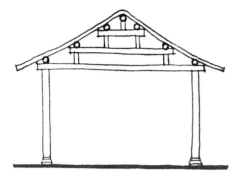

图4-3　韩城吉宅中厅木构架

图4-6　安康新民村张宅木构架

2. 抬梁式构架前后加柱设檩

在三架梁和五架梁式构架前或前后加一步架，设檐柱用挑尖梁与金柱连接，这是陕西民居中应用最为广泛的一种构架形式。多见于进深较大和檐下需设廊的正房或厅堂（图4-4）。

4. 两步梁式构架

设檐柱和中柱，中柱直接承脊檩。两步梁和云梁常用弯曲形圆木稍经加工制成，对称设置在中柱两边。这种构架形式在山区和半山区应用较多（图4-7）。

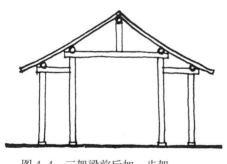

图4-4　三架梁前后加一步架

3. 双脊檩屋面呈卷棚式

常用的有四架梁式和六架梁式，又称为四架卷棚和六架卷棚。祠堂和住宅中的抱亭多用此种构架形式（图4-5、图4-6）。

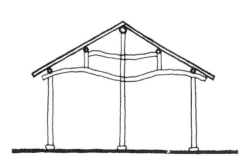

图4-7　陇县某宅构架

陕西民居中抬梁式木构架梁下都设置随梁枋，檩下设垫板或抱檩，并沿各开间檐柱之间设置檐枋或额枋，使整个的房屋骨架在纵横方向拉接得更加紧密，构成一个稳定的整体结构体系。同时额枋和随梁枋的设置也起到了分隔空间的作用（图4-8、图4-9）。有些住宅的木构架为加强脊柱和童柱的稳定性，在柱旁设置角背又称托墩（图4-8）。有的木构架加大角背尺度代替脊柱支撑脊檩（图4-10）。也有的加大童柱断面成方形托墩支撑梁架，并在上面雕刻花纹（图4-11、图4-12），还有的构架在脊柱和脊檩两旁设斜撑，并用垫板将脊檩脊柱和斜撑连接在一起以保持构架的稳定（图4-13）。

图4-10　角背代替脊柱

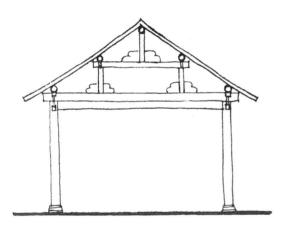

图4-8　西安某宅构架

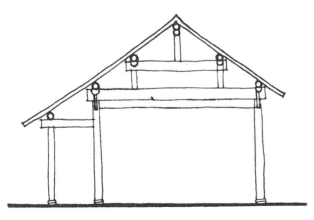

图4-9　神木某宅构架

图4-11　安康县新民村张宅木构架

图4-12　张宅木构架托墩

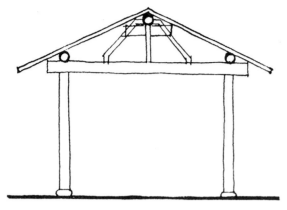

图 4-13　韩城党家村党宅木构架

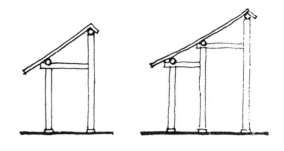

图 4-15　西安某宅厢房木构架

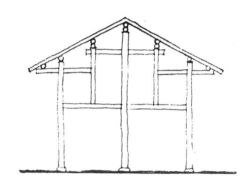

图 4-16　陕南楼房穿斗式构架

（二）穿斗式构架

构架由柱、檩、椽、穿枋组成，每根檩都直接架在柱上，柱下设柱顶石，柱与柱之间用穿枋联系以保持稳定（图4-14）。根据房屋进深和用料大小，柱的数量可增减，如西安和关中地区厢房进深较小，多为一面坡，其构架常做二架二柱，若前边设廊时做三架三柱（图4-15）。房屋尽端靠山墙的构架常做成穿斗式三架三柱和五架五柱。在陕南地区大部分房屋构架采用穿斗式，并多做成二层。多数构架只设前后檐柱和中柱。做二层时，在楼层高度相当的中柱和檐柱之间榫接梁枋，其上铺设搁栅和楼板。再在梁枋上设童柱，童柱和檐柱及中柱用穿枋连接。大部分构架设抱檩以保证构架的整体性（图4-16）。

有些住宅为了加大柱距或节省柱子，在前后檐柱或金柱之间减柱，用设在穿枋上的小柱代替所减之柱支撑檩条（图4-17）。还有的住宅设几个开间的大厅，所采用的木构架只设檐柱，在每开间构架梁枋上的相同位置的小柱之间设置水平支撑，以加强整个房屋构架的整体稳定性（图4-18）。

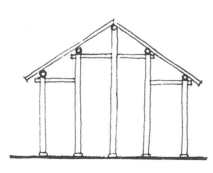

图 4-14　西安某宅山墙木构架

图 4-17　陕南某宅穿斗式构架

图 4-18　以水平支撑加强的木构架

窑洞的跨度大多为 3 ～ 4 米，不宜大于 4 米。其高度一般为跨度的 0.74 ～ 1.15 倍，窑顶的覆土厚度以 3 ～ 5 米为宜。每户人家通常是几孔窑洞毗连设置，为了保持土体的承载能力和稳定性，两孔窑洞间的间壁宽度一般等于洞室的跨度，在土质干硬的情况下也可略小。

窑洞内壁多用麦糠泥粉光。为了防止洞室上部土块脱落用湿木椽加固，外粉草泥饰面。也有的窑洞用的端嵌在侧壁内的木支架承托木檩，檩上钉 3 厘米厚木板以阻止洞顶的土块脱落（图 4-19 (a)、(b)）。

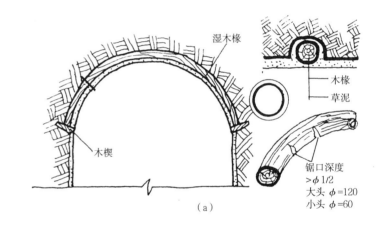

（a）

二、窑洞结构与构造

（一）黄土窑洞

陕西黄土原区的土质有较好的直立稳定性及较高的抗剪强度，如在黄土沟区 10 ～ 20 米高的陡坡可长期稳定，这就有利于开挖窑洞并可保证崖壁的稳定和安全。因此黄土窑洞一般不需做衬砌支护，而集承重与围护作用于一体。为了保证窑洞内壁土体的稳定性，洞室拱体多采用直墙半圆拱和直墙割圆拱，当遇到坚硬厚层的钙质结核层土质时，也有用平头拱的（图 3-116）。黄土窑洞的尺寸及覆土厚度的确定，取决于洞体结构的安全需要。

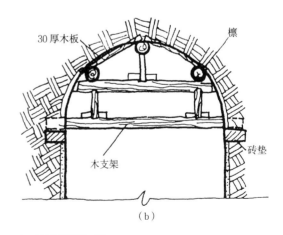

（b）

图 4-19　窑室顶部加固

黄土窑洞覆土层上部表面需做排水沟，使雨水顺排水沟向两侧排出，或者将窑洞上部的覆土层向后倾斜，形成前高后低，使雨水流向后边的排水沟（4-20（a）、（b）、（c）、（d））。

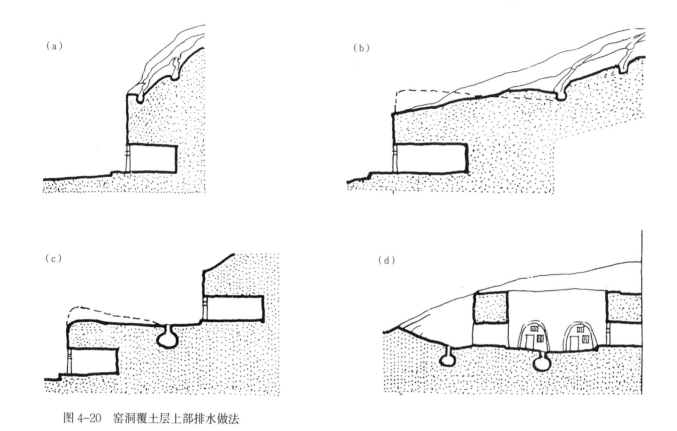

图 4-20　窑洞覆土层上部排水做法

窑脸（崖壁）的做法有三种：一种是将窑脸后倾，洞顶上都覆土做成台阶，上铺小青瓦。另一种做法也是将窑脸后倾，在窑口上部做滴水。覆土上部种植浅根植物保护窑脸。第三种做法是用砖石砌筑窑脸，上做小青瓦瓦檐。覆上表面低于窑脸并坡向后部，使雨水流入后部排水沟（图4-21（a）、（b）、（c））。

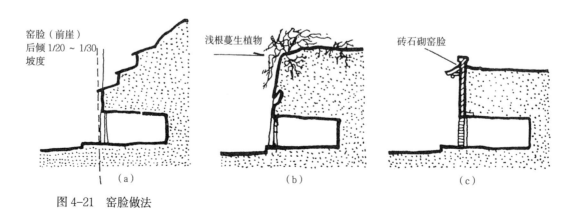

图 4-21　窑脸做法

黄土窑洞民居用火炕采暖防潮。大多数农家将锅灶砌在居窑内，与火炕连通，在炕内盘烟道，利用做饭的余势取暖。因此火炕的布置影响到烟囱和锅灶的位置，最常见的布置形式有以下两种：

临近窗口布置火炕，靠近窑脸砌附垛式烟道伸出窑顶（图4-22（a））。炕上温暖明亮，冬天人们坐在炕上做轻微家务活、吃饭、接待客人等。

靠窑洞后壁布置火炕，垂直烟道靠近后壁伸出窑顶（图4-22（b））。这种布置形式的优点是火炕较隐蔽，并可充分利用窑窒前部空间和窗口位置布置家具。

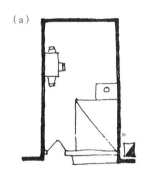
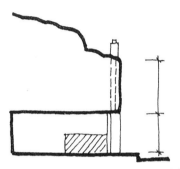
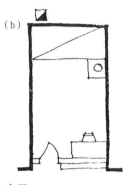
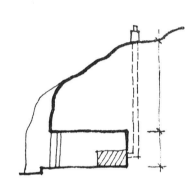

图4-22　炕与烟囱布置

（二）独立式窑洞

1. 砖石窑洞

拱体拱脚都用砖石砌筑，用一米宽的拱形木模作为支架模板，在模板上砌砖石，砌好一段再向前移动模板继续接砌，直到砌完为止。拱顶上部覆盖黄土约1～1.5米厚，做排水坡坡向后部。当窑洞毗连设置时，为保证窑洞的整体稳定及承受拱顶的推力，边跨拱脚的宽度需加大，一般宽为拱跨的1/2。两孔窑洞之间的间壁宽度至少为一砖半（图4-23）。

2. 土基窑洞

先夯筑棋形土模，然后在土模外砌半砖。拱顶用黄土覆盖，其厚度约为1～1.5米，并层层夯实做排水坡，最后挖空土模即成。此时土和半砖厚的衬砌材料同时起承重作用。连续拱的中间拱脚（间壁）用砖或石砌筑时宽度可窄，若为土筑时，其宽度约与拱跨相等（图4-24）。

图4-23　砖石窑洞

图4-24　土基窑洞

3. 土坯窑洞

有两种做法，一种是拱顶拱脚全部用土坯砌筑。拱顶上部用麦草泥抹光，为保护土坯拱顶不受雨水浸蚀，在上部加土铺瓦成两坡顶。其拱脚宽度约为 60～80 厘米。另一种做法是拱顶用土坯砌筑，拱脚用原状土层层夯实，其宽度应与拱跨相等（图 4-25）。

4. 柳笆草泥窑洞

在神木、定边一带的农民用红柳枝条造柳笆草泥拱窑洞，拱脚用原状夯土或用土坯砌筑。拱顶用红柳枝条编织，内外抹草泥或麦糠泥。这种窑洞的拱顶轻，抗震性能较好（图 4-26）。

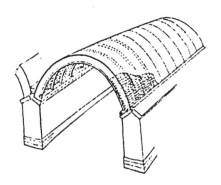

图 4-26　柳笆草泥窑洞

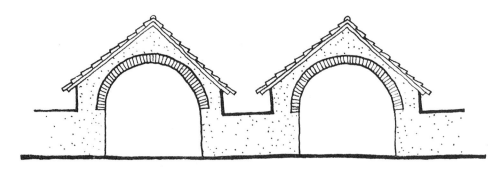

图 4-25　土坯窑洞

第五章

细部与装修

代代相传、精工细作的传统建造工艺在民居的细部装修中得到了充分反映，许多细部雕饰本身就是一种完美成熟的艺术品，它们极大地丰富和烘托了整个建筑造型，给朴实无华的民居增添了许多耐人寻味的地方色彩。

细部装饰的用料、做法等因各地自然条件、地缘关系等因素不同而异。陕西省地跨八个纬度，因此从南到北不仅气候条件不一，水文地质、物质资源等也各异。如陕北冬季严寒，常年少雨，木材短缺，因此陕北民居的木装修相对要少，而砖雕、石刻在民居中应用广泛。陕南地区气候温湿，夏季炎热，山区木材资源丰富。因此民居采用木装修较多，在朝阳立面除了木构架外均为木装修，有的利用结构与构造的部件加以装饰，给人以轻盈、朴实之感，富有浓郁的乡土气息。它的木雕、砖雕兼有湘、鄂及四川民居的风采。关中地处全省中部，物产丰富，交通方便，处出经商、做官者较多，反映在民居中木雕、砖雕、石刻兼容并蓄，尤其是明清官宦的深宅大院，精雕细刻，做工精致，受到京城匠师的工艺影响较深。

陕西民居重点装饰的部位主要是入口门楼、檐部、壁面、山墙、马头墙、屋脊、门窗及室内装修等，下面分别加以阐述。

一、入口门楼

门楼是民居的入口中心，乃装修的重点部位，起着画龙点睛的效果。陕西各地民居的门楼变化多样，各具千秋，尤其是陕南民居的门楼造型丰富，轮廓线优美。图5-1是几种具有代表性的门楼实例，这些丰富多彩的门楼造型，充分显示出民间匠人在运用建筑形式美的规律方面具有惊人的智慧与才华，各门楼造型之优美，各部分比例之和谐，真不愧称之谓佳作。

大门有对称的与不对称的，决定于宅院的布局。当大门处在宅院中轴线上，肯定取对称式布置（图5-1（a）、（e））。有的入口设在倒座一侧，则有不对称的（图5-1（f））或对称的（图5-1（g））不同处理。有的门楼设在单坡倒座的后墙面上，此时门楼多低于墙面（图5-1（b））。凡门楼与院墙联系在一起，一般都高于院墙，并取对称形式（图5-1（c）、（d））

垂花门常作为深宅大院的二重门，乃是此方民居的一般做法，它一般设在宅院的前庭与中庭之间，但也有设在入口过道与前庭之间，与影壁成直角布置（见图3-65b），起分割空间的作用，也是庭院中的一个对景。在陕南和关中也有把第一道大门做成垂花门的形式，垂花柱下端有扶壁装饰（见图3-65（c）），把承重柱包在中间。

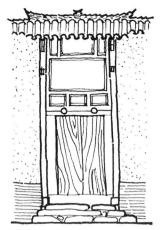

（a）汉阴某宅大门

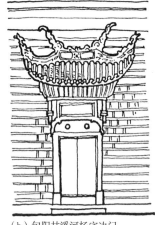

（b）旬阳甘溪河杨宅边门

（c）甘溪河某宅院门

（d）略阳某宅院门

（e）汉阴某宅大门

（f）西乡某宅大门

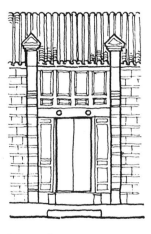

（g）汉阴某宅大门

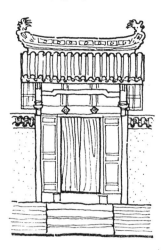

（h）安康某宅大门

图 5-1　陕南民居门楼集锦

门楼是各家各户的入口标志，是户主着意重点装修的部位。从门楼的形式和做工精巧与否，往往能反映出户主的身份、社会地位、乃至整个宅院的装修质量。本省的不少门楼都体现出砖雕精细、做工讲究的特点。从造型上分析，陕北及关中的门楼具有北方民居的一般形式。韩城地区的大门均有门匾，多数用木刻题字，如耕读第、诗书第、明经第等，有的则为砖雕。

图5-2为扶壁砖雕垂花门，这样门在韩城地区很普遍，垂花的砖雕十分精致，有的还是漏雕。门匾下的门楣是木制的，均有雕花。

有的宅院大门，由于宅基地的限制，或者是阴阳风水的原因，把大门的朝向与门前道路的轴线平行（图5-3），或成45°角。

图5-2　韩城城关刘宅砖雕垂花门

图5-3　韩城党家村某宅大门

图 5-4～图 5-12所示为关中地区部分民居大门及细部实例。

图 5-4　关中农宅大门

图 5-5　西安市某宅大门

图 5-6　韩城党家村某宅大门的檐部装修

图 5-7　韩城某宅砖雕垂花

图 5-8　砖雕垂花细部之一

图 5-9　砖雕垂花细部之二

图 5-10　砖雕垂花柱细部之三

图 5-11　韩城党家村某宅大门门楣

图 5-12　三原闫宅门楣

图 5-13 ～图 5-16 所示为部分民居大门石雕及五金饰件。

图 5-13　三原闫宅门墩石

图 5-14　西安市杨宅门墩石

图 5-15　韩城党宅门墩石

图 5-16　韩城城关某宅大门小五金

陕南民居的门楼，综合了湘、鄂及四川的手法，造型变化多，屋脊的砖雕纹样丰富，有的脊吻起翘很高，形成绝美的轮廓线（图 5-17）。有的宅院大门两侧伸出马头墙，形成前倾的动态效果，具有引人欲进之感（图 5-18、图 5-20）。有的以挑梁支出轻盈的檐口，在入口下造成了大片阴影，入口门梁上饰以门簪作重点装饰，起到了画龙点睛的效果（图 5-19 ~ 图 5-26）。

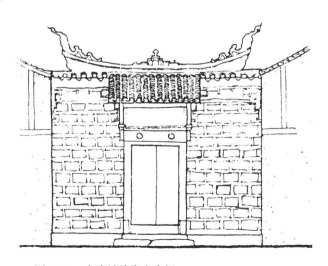

图 5-17　安康城关张宅大门

图 5-18　西乡某宅大门

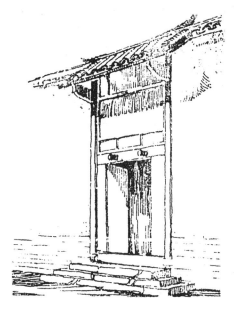

图 5-19　汉阴某宅大门之一

图 5-20　汉阴某宅大门之二

图 5-21　安康某宅院门之一

图 5-22　安康大园乡刘宅大门

图 5-23　汉阴某宅二道院门

图 5-24　安康某宅院门之二

图 5-25　洋县某宅大门

图 5-26　门簪细部

二、檐部装修

　　出檐深远是形成陕南民居的独特风格之一。这样做主要是遮阳、避雨的需要。一般挑檐梁的出挑均在 1 米以上,有的达到 1.5 米,梁断面为 7 厘米 × 20 厘米左右(图 5-27 ～图 5-29)。一种是举架梁的托梁直接出挑支撑檐檩,挑梁头饰以花纹,挑梁与檐柱的夹角饰以雀替状木装修(图 5-27(c))。有的用挑梁托住垂花柱,柱上支承檐檩(图 5-27(b))。另一种是再加一挑梁支承短柱,分担挑檐的荷载,俗称"板橙挑"(图 5-27(g))。为了做得轻巧,有的还做成翘曲状(图 5-27(g)、(h))。

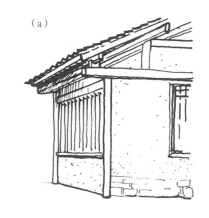
(a)

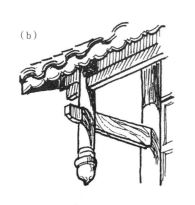
(b)

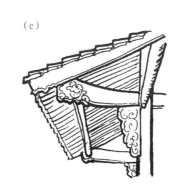
(c)

(d)

(e)

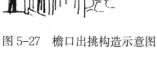

(f)

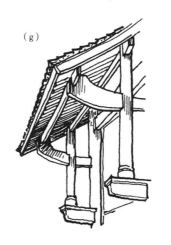
(g)

(h)

图 5-27　檐口出挑构造示意图

图 5-28　安康城关店铺檐部装修

图 5-29　城固城关店铺檐部装修

图 5-30、图 5-31 为石雕挑檐构件，图 5-32 为砖雕挑檐细部。

图 5-30　米脂马家石窑雕龙翘檐

图 5-31　延安毛泽东故居挑石屋檐

图 5-32　神木某宅檐部细部

图 5-34　墀头底部砖雕

硬山墀头的砖雕装饰，也是檐部装修的重点部位，关中旬邑唐家庄园墀头砖雕做工的精致为本省之冠（图5-33、图5-34）。本省东北部的韩城、合阳，受山西民居的影响较多，以砖雕垂花作为墀头装饰，这个地区这种做法比较普遍（图5-37）。

图 5-35、图 5-36 为西安地区民居的部分墀头砖雕。

图 5-33　旬邑唐家庄园墀头砖雕

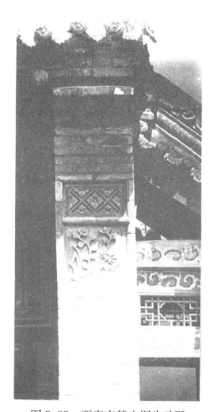

图 5-35　西安市某宅墀头砖雕

图 5-36　西安市某宅墀头角柱砖雕

图 5-37　韩城某宅墀头装饰　　　　　　　　图 5-38　安康某宅山花

三、山花细部

　　在硬山作法中最多见的是人字形山花，在陕南的安康、汉阴等地的店铺民居中带有马头墙的人字山花较多，博风板用黏土分块烧窑而成（图 5-38）。有的博风板用砖砌成线脚后抹灰，每条线脚出挑 2～8 厘米，为了防止雨水淋湿山墙并有光影效果。

　　屋顶为悬山的博风板均为木制，为了丰富博风板的轮廓线，除了顶端饰以悬鱼外，在挑檩端头加以花饰，以铁扒钉固定。屋面出檐一般为 80～100 厘米，在山墙面上落影十分丰富（图 5-39）。有的为了使博风板免受雨淋，饰以雕花面砖（图 5-40）。

图 5-39　西乡城关某铺面住宅悬山山花

图 5-40　城固某宅博风板饰面砖

　　山花小窗是为阁楼通风采光之用，也是山墙装饰的重要组成部分，黏土烧制的漏花小窗，因山墙有中柱贯顶脊檩，因此小窗需在中柱两边成双布置（图 5-41（a）、图 5-42）。形式有圆形、扇形、六角形、八角形、菱形、四方形，形状多样，都镶有砖砌进框，讲究的镶以雕花砖（图 5-41（b））窗棂图案富于变化，颇具匠心。

（a）

（b）

图 5-41　石泉某宅山花小窗

图 5-42 城固城关山花小窗二例

图 5-43 安康城关某宅马头墙之一

图 5-44 汉阴城关某店铺马头墙之一

四、马头墙

马头墙在陕南的店铺民居中运用较广泛，特别在安康与汉阴两个县城中；但完整的马头墙仅存于汉阴城关，其他县城的马头墙脊吻已残缺不全，伤痕累累，大部分毁于"文革"中。

马头墙多用于相邻两家店铺屋面的交接处，它的功能是用于两屋面的衔接，特别是两个屋面有高差时，在构造上便于处理。另外它起了防火墙的作用，并丰富了立面造型（图5-43～图5-49）。

图 5-45　汉阴城关某宅马头墙

图 5-47　汉阴某宅马头墙

　　马头墙的轮廓线十分优美，每当夕阳西下，暮色苍茫、晚霞临空之际，在天空中罩露出马头墙脊吻的优美曲线，十分妩媚动人。脊吻以黏土制坯，整体在窑中焙烧而成，它的垂直高度约在 0.7 ～ 1 米之间，式样各异，丰富多彩。

图 5-46　安康城关某宅马头墙之二

图 5-48　汉阴城关某店铺马头墙之二

图 5-49 安康袁家台袁宅马头墙

五、壁面雕刻

陕西民居壁面雕刻的部位多半在大门两侧、影壁中央、窗间墙、窗下墙、墀头及墀头的角柱石。取材立意主要表示吉祥如意、国泰家宁，纹样的取材有飞龙舞凤、狮子戏球、飞禽展翅、四季花卉。有用青石精雕，有用方砖拼砌雕刻。

如图 5-50 所示，是安康城关顾宅大门两侧的石雕，内容是苍松古柏、小鸟腾飞、梅鹿雀跃，一派国泰民安的景象。苍松象征长寿，梅鹿象征福禄。

图 5-51 ～图 5-60 为各种各样壁画雕刻。

大门左侧浮雕

大门右侧浮雕

图 5-50　安康城关顾宅大门两侧石雕

图 5-51　韩城城关刘宅影壁

图 5-52　西安市某宅影壁之一

图 5-53　西安市张宅影壁

图 5-54　西安市某宅影壁之二

图 5-55　西安市某宅影壁一角

图 5-56　影壁下部花饰之一

图 5-57　影壁下部花饰之二

图 5-58　旬邑唐宅窗下墙石雕之一

图 5-59　旬邑唐宅窗下墙石雕之二

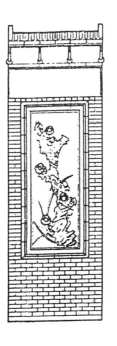
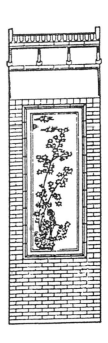

图 5-60　旬邑唐宅窗间墙砖雕

六、屋脊与脊吻

在陕北、关中地区，一般农房的屋脊与脊吻都用砖砌筑；在陕南则都用小青瓦砌筑。比较讲究的宅院的屋脊与脊吻，是用黏土分段预制，在窑中焙烧而成。分段预制的屋脊，分上下两层，下层与屋面相接，作为屋脊的基础，以横线脚装饰，上部为屋脊正身，饰以多种纹样。脊吻的形式多样，尤以陕南为最，有的是整体预制焙烧而成，有的是分段分块预制经焙烧制成。关中有的大宅院的屋脊与脊吻砖雕十分精致，立体感很强，工艺水平很高。有的大型宅院的屋脊尺度很大，将近一人高（图5-61～图5-76）。

图 5-61　三原周宅屋脊与脊吻之一

图 5-62　三原周宅屋脊与脊吻之二

图 5-65 旬邑唐宅屋与脊吻

图 5-64 屋脊细部

图 5-63 三原张宅屋脊

图 5-66　旬邑唐宅脊吻细部之一

图 5-67　旬邑唐宅屋脊细部之一

图 5-68　旬邑唐宅脊吻细部之二

图 5-69　旬邑唐宅屋脊细部之二

图 5-70　旬邑唐宅垂脊之一

图 5-71　旬邑唐宅垂脊之二

图 5-72　旬邑唐宅垂脊细部

图 5-73　旬邑唐宅屋脊与脊吻

图 5-74　汉阴城关某宅脊吻

图5-75 汉阴某宅屋脊与脊吻

图5-76 安康某宅屋脊与脊吻

七、隔扇与门罩

陕西民居的木装修做工精致、选材考究，由于工匠来自江、浙、川、鄂，因之在装修风格上没有特殊的地方。隔扇门、窗均成双布置，一开间布置四扇者居多。讲究的宅第的厅堂入口为了悬挂门帘，均没有门罩，门罩上部饰以各式雕花，顶部及两侧均为镂雕，有的漆成浅色，与深色隔扇门形成对比（图5-77～图5-94）。

图5-77 西安广济街孙宅隔扇门

图 5-78　西安化觉巷吴宅隔扇门

图 5-79　韩城城关周宅隔扇门

图 5-80　西安某宅隔扇门之一

图 5-81　西安某宅隔扇门之二

图 5-82　三原周宅正厅外檐装修

图 5-83　西安某宅正厅外檐装修

图 5-86　西安某宅隔扇门之三

图 5-84　西安某宅外檐装修

图 5-85　西安某宅隔扇门门罩

图 5-87　西安某宅隔扇门心板花饰

图 5-88　关中隔扇门心板花饰集锦

图 5-89　旬邑唐宅支窗

图 5-90　西安北院门某宅圆支窗

图 5-91 安康顾宅支窗花格

图 5-92　安康顾宅隔扇门纹样

图 5-93　三原孟店周宅隔扇门、窗

图 5-94　旬邑唐宅门罩集锦

八、木家具

陕西地区民居室内家具是我国民居家具的一个重要组成部分，在陕南、陕北、关中地区尚保存有大量的农村生活家具与收藏家具（传统家具），这些家具因地区风俗不同，造型及风格也不尽相同，陕西乡村家具一个共同的特点就是厚重、粗犷、有力而不过多追求装饰之细节处理。但是，在陕西部分地区，也有很多渗透着对传统文化灼热追求的优秀家具。这类家具有两种内容，一种是乡村生活家具；一种是收藏家具（即传统家具）。在陕西韩城一带乡村生活家具与收藏家具，不仅保存完整，而且内容丰富、造型美观、选材讲究，是陕西民居中少见的家具精品（图5-95、图5-96）。

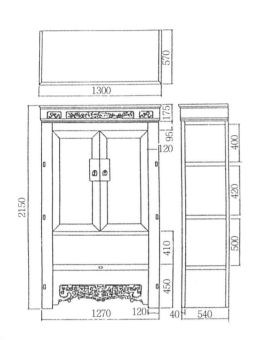

图5-95 大衣柜（西安北院门刘宅）

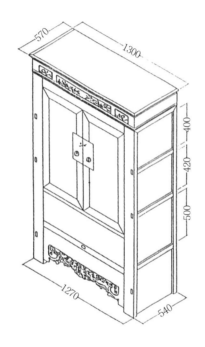

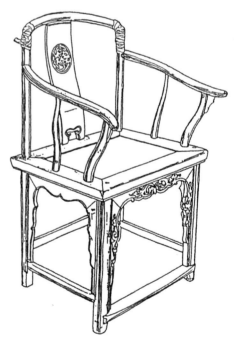

图5-96 太师椅（西安等驾坡村张宅）

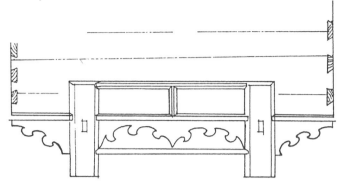

图 5-98　粮食柜（西安郊区李宅）

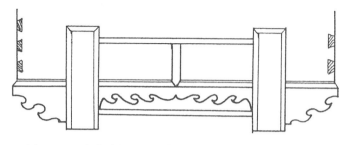

图 5-100　粮食卧柜（西安南康村许宅）

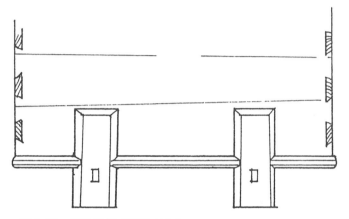

图 5-99　置物卧柜（西安李宅）

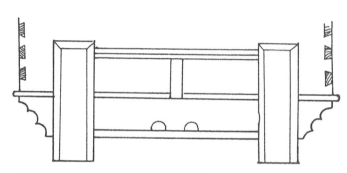

图 5-101　置物卧柜（西安南康村）

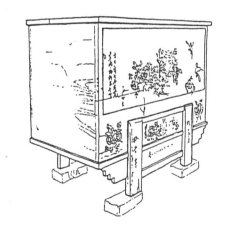

图 5-97　卧柜（西安郊区王宅）

另外，卧柜（板柜）是这里生活家具中较多见的一种（图5-97）。其造型精炼，功能多样，装饰舒展、大方，不落俗套，装饰多用于立面之两腿之间或两腿之内外部分（图5-98～图5-101）。从上面四图中，可以看出，装饰的手法是非常多样的。

八仙桌、太师椅在风格及形式上颇有明代家具之风采，造型简洁、造型精炼、装饰手法上注重画龙点睛（图5-102～图5-105）。

图 5-102　明代方桌（韩城党家村）
　　　　　"百蝠云集"装饰纹样

图 5-103　几种不同装饰的方桌
　　　　　（韩城党家村）

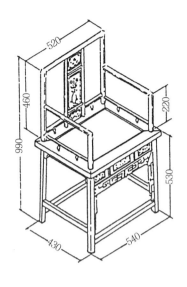
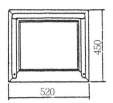
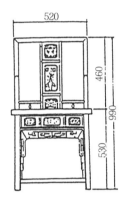
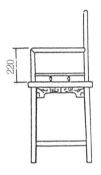

图 5-104　太师椅（韩城党家村）

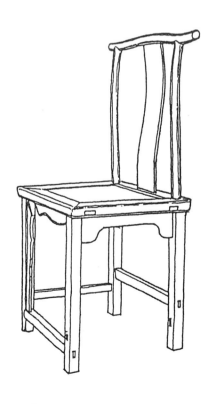
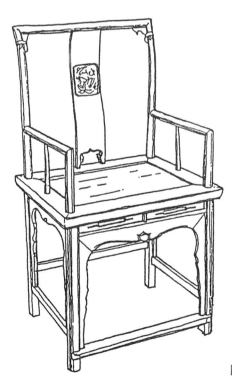

图 5-105　座椅（韩城党家村）

大衣柜、柜橱、座椅、座凳等装饰手法更为精致，除大衣柜外，一般装饰极少或只做甚少装饰处理（图5-106～图5-108）。

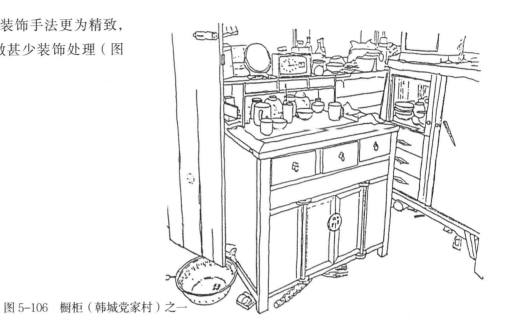

图 5-106　橱柜（韩城党家村）之一

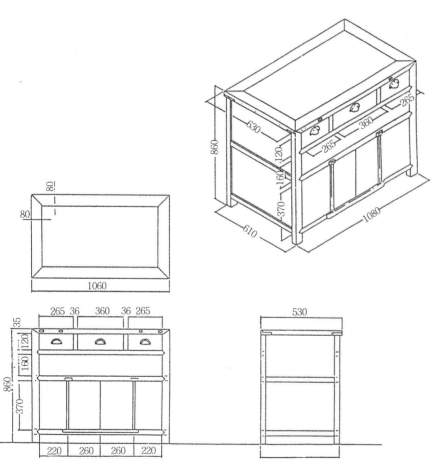

图 5-107　橱柜（韩城党家村）之二

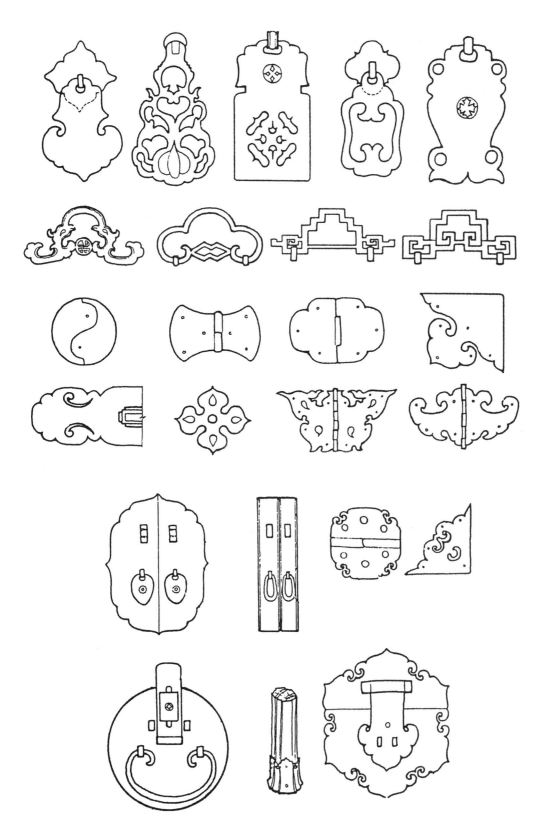

图5-108　部分家具饰件

总之，陕西民居室内家具是我国乡村家具中的一枝奇花，在陕西乡村民居中还保留不少明、清两代家具精品，甚至有很多优秀的传统家具我们从未见到过。对其的调查与研究，无疑是对我国传统文化的最好发掘，同时，它也是我们了解陕西乡村生活的一个极好素材。

九、其他

关中与陕北地区，有相当数量的砖雕与石刻艺术表现在碑头、碑亭、石牌楼、影壁以及拴马石上。关中北部是著名的唐代十八陵所在地，民间石刻艺术丰富，具有民间艺术独有的粗犷、豪放的气质，与表现宗教的石刻艺术迥然不同。

拴马石用整块石料雕琢而成，高约两米多，形同帝王陵墓前的华表。农村中殷实之家将它栽在门前。拴马石上刻有神态各异、多彩多姿的人像或狮子（图5-109～图5-116）。

图5-109 关中、渭北拴马石

图5-110 渭北拴马石

图 5-111　旬邑县石牌楼

图 5-112　石牌楼檐口细部

图 5-113　石牌楼枋子细部

图 5-114　牌楼细部雕刻

图 5-115　牌楼雀替细部　　　　　　　　　　　图 5-116　神木某宅影壁

陕西民居实例

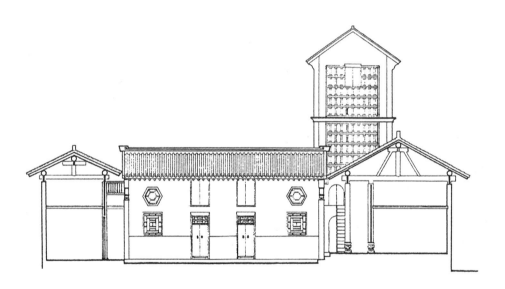

实例1 三原县孟店周宅

　　建于清朝末年。房主是西太后的义女。原宅为9栋大宅院毗连，现只保留一栋，其余均已毁坏。

　　该宅为典型的关中多进窄院四合院布局，前排倒座与后排正房为两层，中厅为两个大厅前后相连，中间只隔一窄院供排水用。大厅内部不做分隔，供阖家团聚、举行家庭庆典之用，厢房前边均设廊。整个布局严谨，轴线清楚，主次分明。室内外装修极为考究。

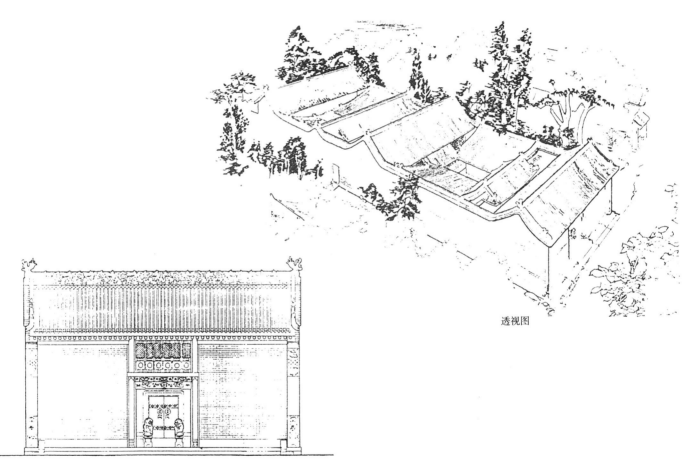

透视图

立面图

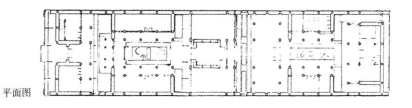

平面图

实例 2　旬邑县唐家村唐宅

唐宅是一座较大型的农村庄园，始建于清朝末年。地处偏远乡村，原宅院入口面对池塘，庄园周围是广阔田野，形成了优美清新的田园风光。

唐宅的平面为典型的陕西关中多进式联院民居布局型式。前厅和后厅都是两层砖木结构的楼房，不仅扩大了使用面积也增强了建筑的宏伟气势。在后院内有一条横向联通宅内的通道，直通侧门，方便了宅内外联系。

室内装修十分精细，大门入口及宅院的牌坊等处的砖雕和石雕都栩栩如生。宅院内部的门窗木雕，都相当华丽精巧。

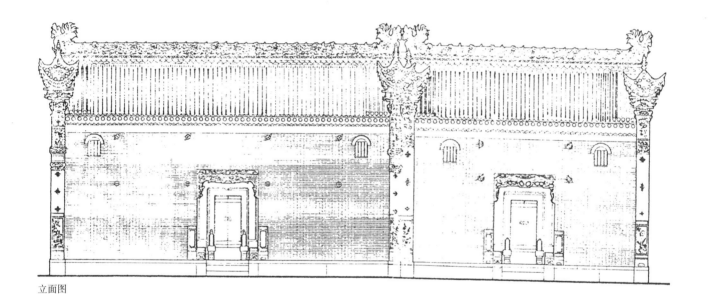

立面图

平面图

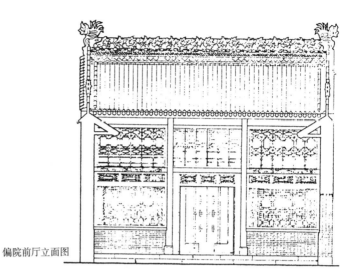

偏院前厅立面图

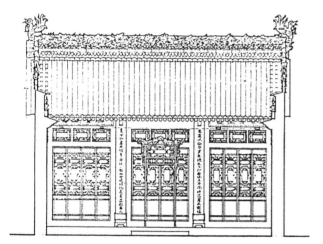

偏院中厅立面图

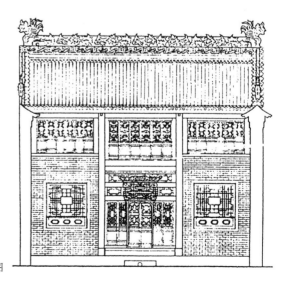

偏院后厅立面图

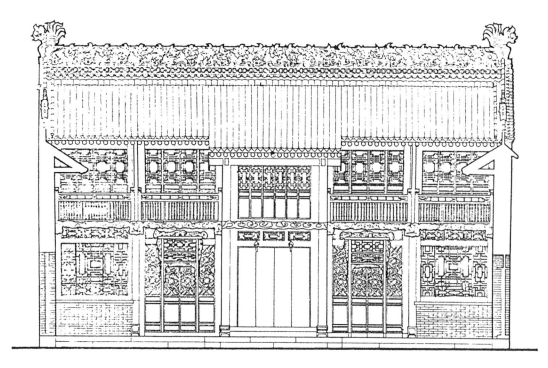

正院前厅立面图

正院中厅立面图

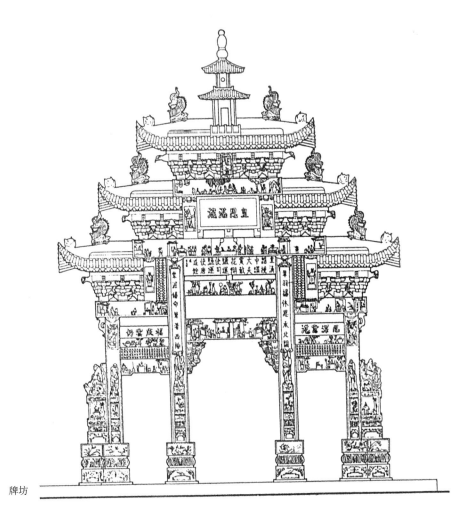

牌坊

正院后厅立面图

实例3 西安北院门米宅

　　是多进式四联院布局，东偏院开辟了宅内花园，西偏院为厨房、杂务等辅助用房。是一座回族民宅，宅内门窗的装修，均以花草为主，雕刻精细、生动。

前厅挂落

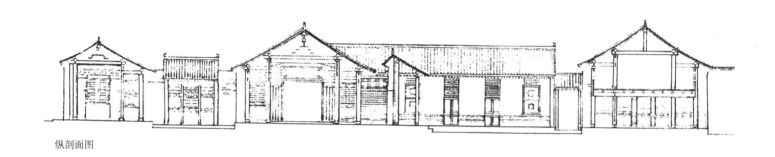

纵剖面图

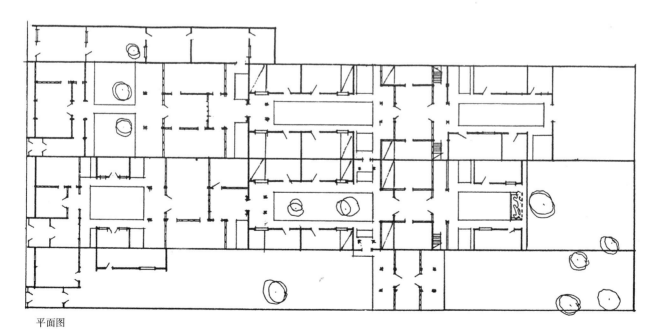

平面图

中庭一角

实例4　西安北院门高宅

　　高宅建于清朝末年，户主是大商人，本宅是有十余院相联的多进式的大型宅院。其平面布局特点，以中间两个院相联通组成正院，以接待、礼仪为主，两边偏院为祠堂、书房和家人居住之用，外装修素雅，反映了西安民居外装修的特点。

平面图

北

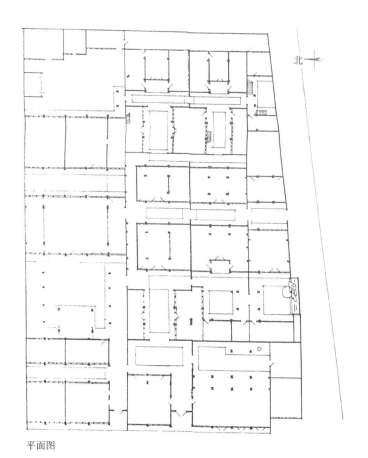

后厅入口

实例5 三原油道坊某宅

在宅基地窄长的情况下，以正厅分割前后院落，并使院落空间有长、短，宽、窄的变化。

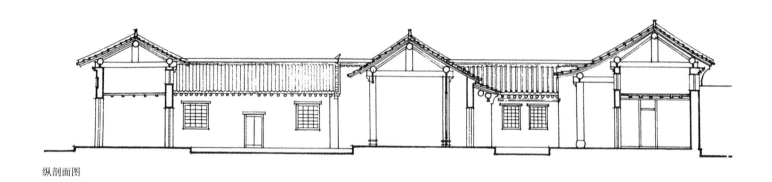

纵剖面图

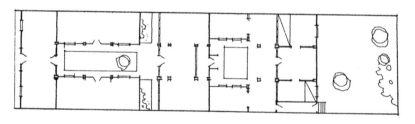

平面图

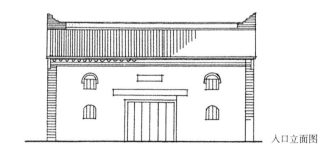

入口立面图

实例 6　西安化觉巷安宅

以围墙和门划分院落空间并增加空间序列层次。

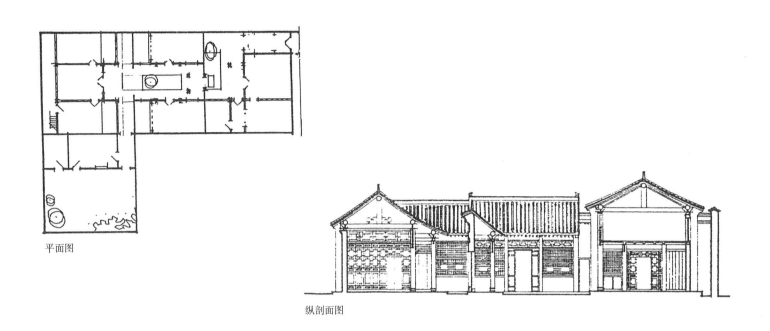

平面图

纵剖面图

客房前廊挂落

实例7　韩城县（今韩城市）党家村党宅

　　本宅用地前高后低，前部临街部分地势高，做一层，上部设阁楼。后部地势低做两层，其二层标高与前边一层相同。上下两层通过后院的室外楼梯相联系。平面仍为四合院布局形式，入口大门设在右边一开间，较为少见。

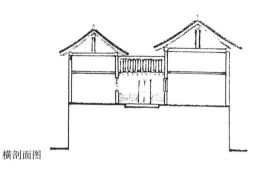

横剖面图

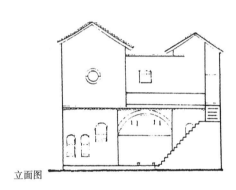

立面图

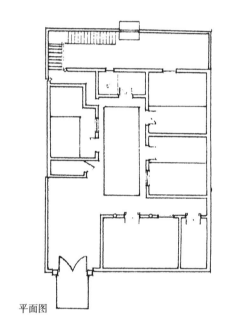

平面图

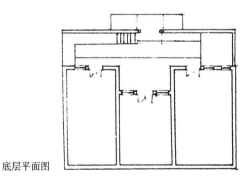

底层平面图

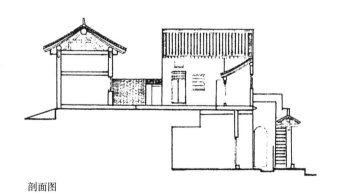

剖面图

实例 8　韩城薛曲村苏宅

　　以堂屋及厦房的柱廊扩大内庭院空间并便于雨雪天的户外活动。倒座及厦房均设阁楼，充分利用空间。

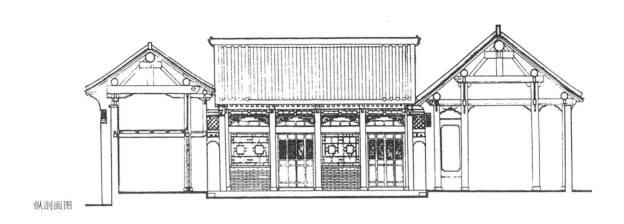

纵剖面图

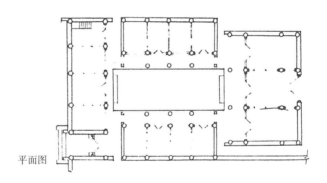

平面图

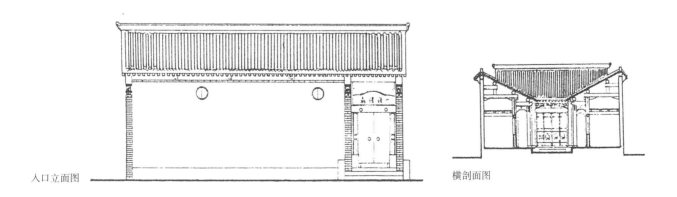

入口立面图　　　　　　　　　横剖面图

实例9 韩城薛曲村某宅

以两层倒座使入口至主庭院的空间层次更富有变化。倒座及厦房均设阁楼，其中面向主庭院的倒座设有挑廊，使庭院空间更富有变化。

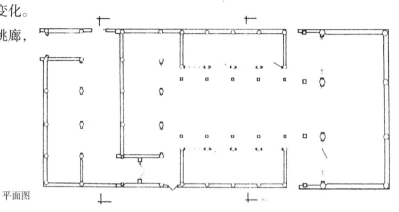

平面图

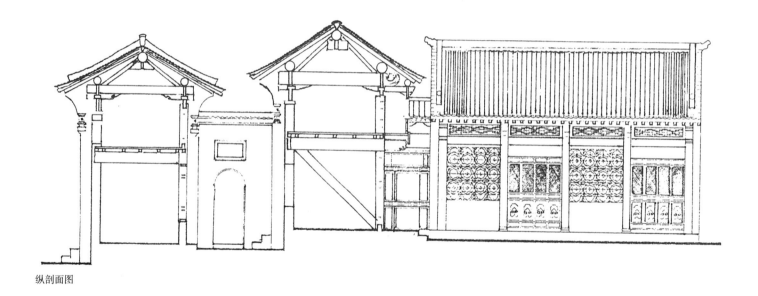

纵剖面图

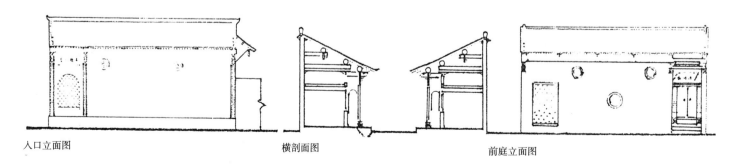

入口立面图　　　　横剖面图　　　　前庭立面图

实例 10　韩城箔子巷吉宅

　　以多组四合院组成的连院式住宅。各个四合院的空间形式、比例各不相同。入口的位置和处理方式也不一样。右侧的宅院设有侧通道与后院联系以保证主庭院的安静与活动不受干扰。

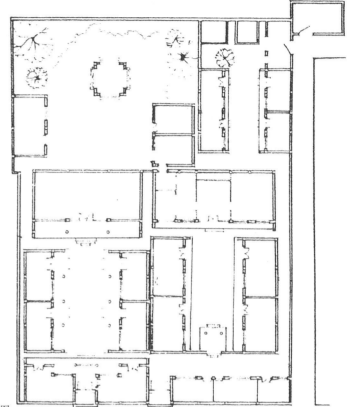

平面图

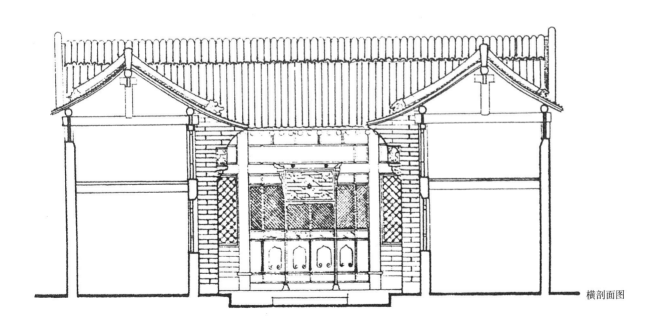

横剖面图

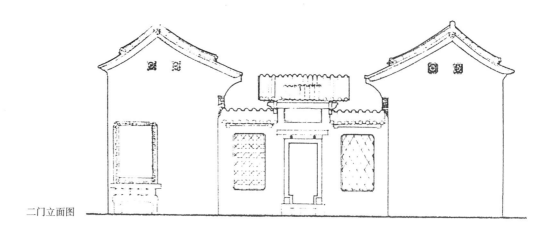

二门立面图

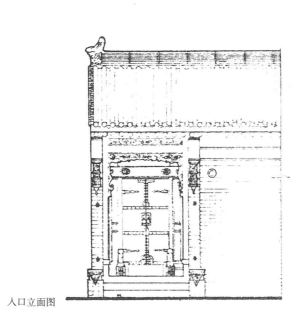

入口立面图

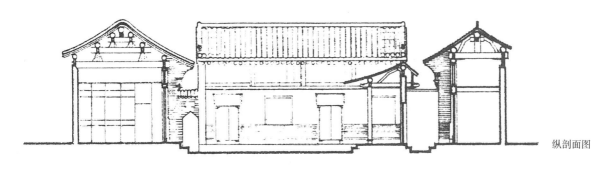

纵剖面图

实例 11　党家村党宅

　　为了安全，设有多层瞭望塔。构成全村的制高点并
丰富了建筑群体轮廓线。各房均设阁楼作为贮藏空间。

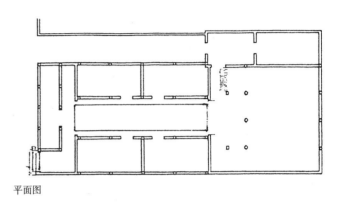

平面图

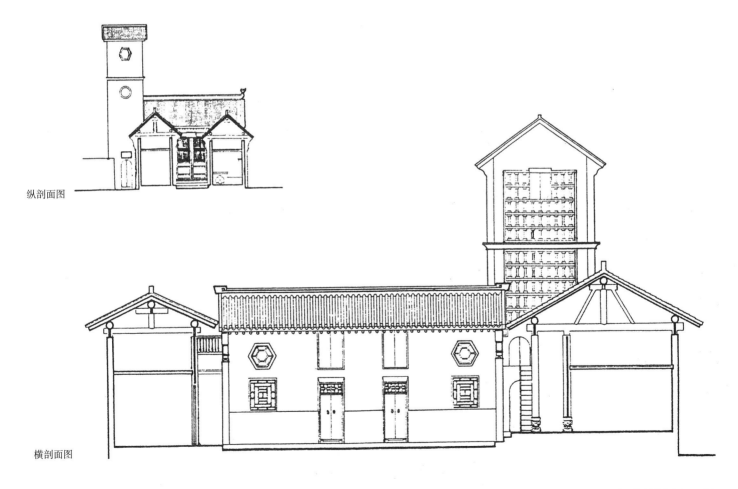

纵剖面图

横剖面图

实例 12 西安化觉巷白宅

　　结合地形组成四个院落。把杂务院设在倒座一侧并以门洞划分内庭院，调整庭院比例并增加了空间层次。

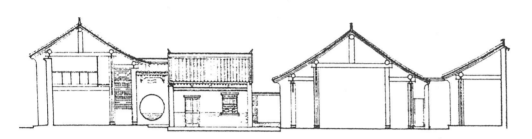

剖面图

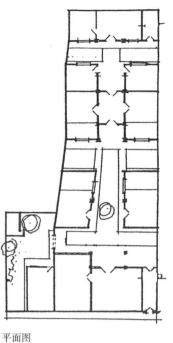

平面图

倒座外檐装修图

实例 13 韩城某宅

以回廊构成内庭院空间，方便户外活动。利用角落设置辅助用房。

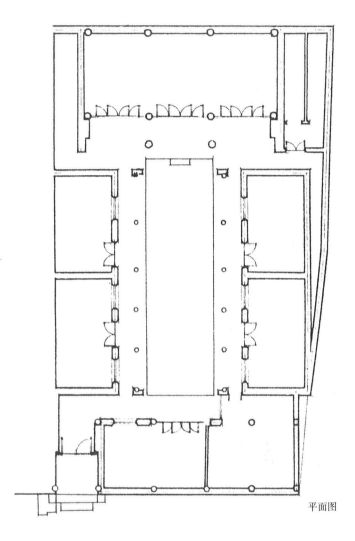

平面图

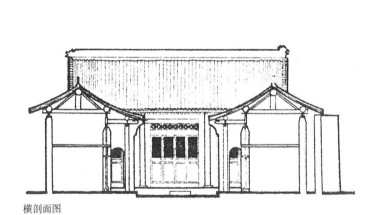

横剖面图

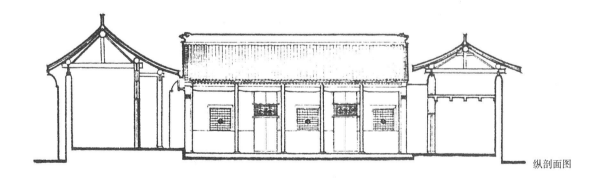

纵剖面图

实例 14 韩城党宅

典型的关中窄四合院。各房均带阁楼。

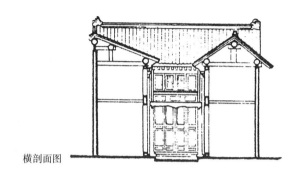

横剖面图

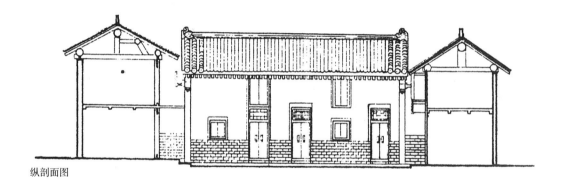

纵剖面图

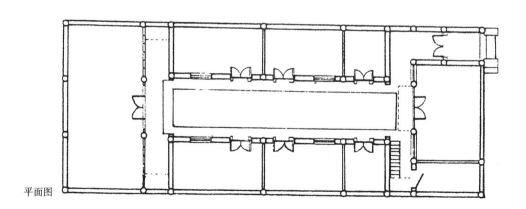

平面图

实例 15　韩城某宅

　　典型的关中窄四合院。各房均设阁楼,充分利用空间。有意识抬高正房地坪,屋脊以砖雕做了重点装饰使重点突出。

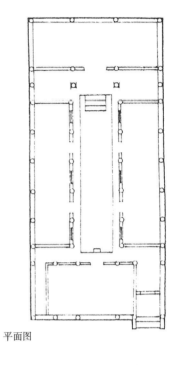

平面图

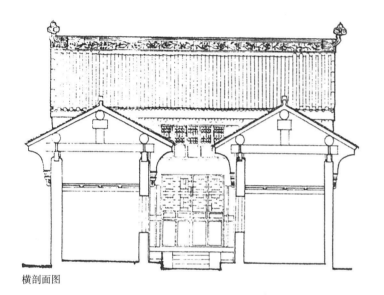

横剖面图

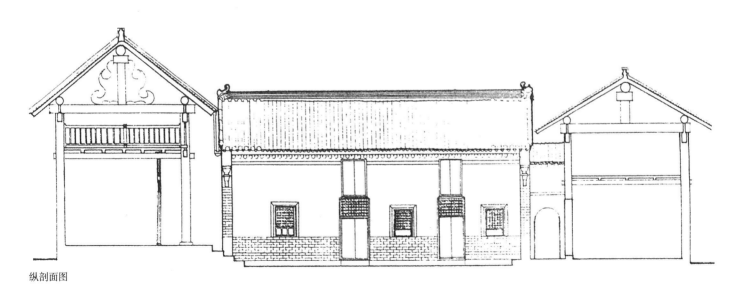

纵剖面图

实例 16　陕南旬阳城关镇王宅

　　院宅修建在山坡上，利用地形高差，正房与厢房相差半层。大门朝南，设在中轴线上，迫于地形条件，内庭十分狭小，只能容纳上正房的石板台阶。

　　厨房设在正房二层，可直接对外开门，因房的一侧为石台阶小路，通向后街。

入口

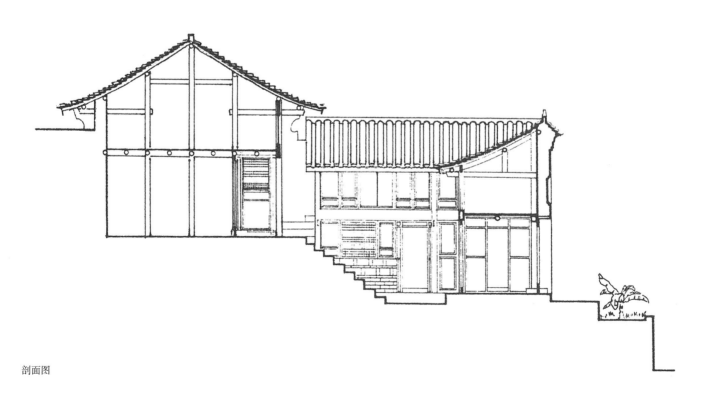

剖面图

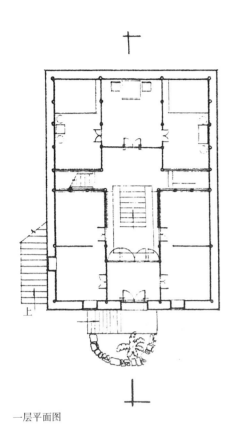

一层平面图

庭院透视图

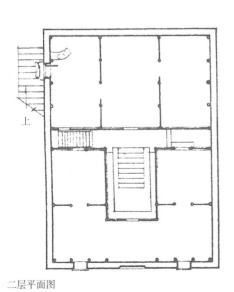

二层平面图

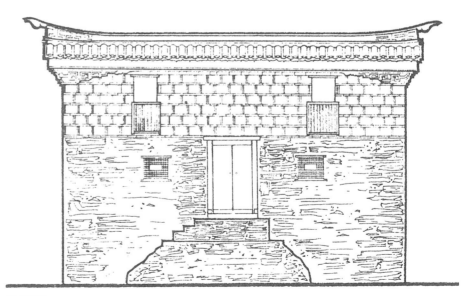

南立面图

实例 17　陕南旬阳城关镇许宅

　　该宅建于小山顶上，北面是马路，山顶距马路面约15米。山顶沿东西伸展约2华里，呈鱼背状，中高边低，中间为石街，两边建房。

　　许宅南面临街，北面为悬崖，一共三层，面街为二层。二层为主层，中间为堂屋，两侧为卧室，三层为阁楼，一层为厨房及贮藏室。

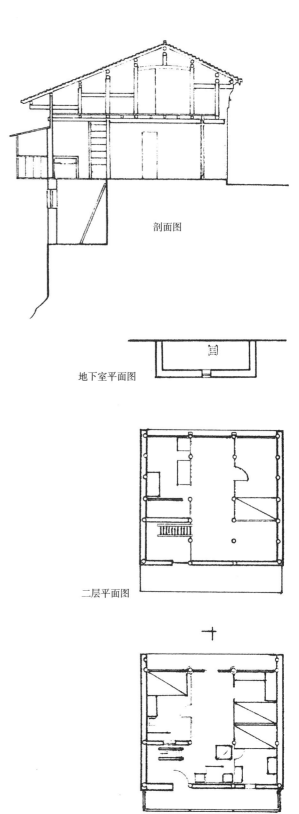

剖面图

地下室平面图

二层平面图

一层平面图

透视图

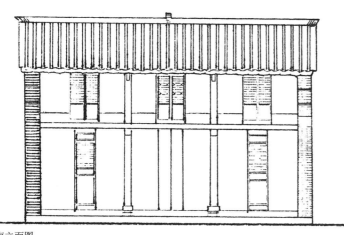

南立面图

实例 18　陕南略阳县郑宅

　　该农宅位于大路旁，L形平面形式，布局紧凑，都为套间形式。底层为石砌墙体，二层阁楼木构架外露，填以苇帘，不抹灰，以利通风，是典型的略阳农宅外观。

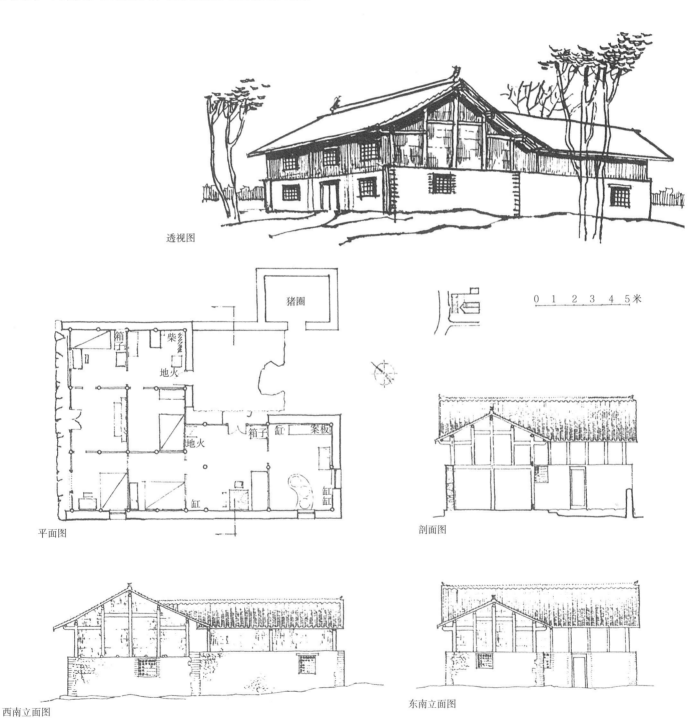

透视图

猪圈

箱子　柴

地火

箱子　缸　案板

地火

缸　缸

缸

平面图

0 1 2 3 4 5米

剖面图

西南立面图

东南立面图

实例 19　陕南汉中城关康家花园

康园是清朝年间开始营建的北方园林建筑，占地约七千平方米，堪称百项名园，园中建筑百余间。亭榭楼阁、殿堂斋馆、山石桥水、花圃菜园应有尽有，真是"奇花异草满园芳。"20世纪50年代时已几经变迁，我们于1956年测绘时，根据汉中博物馆提供的说明作了复原图。

康园的建筑群组的空间处理和园林艺术手法是：平川造园，需在闹处寻幽，无自然景色"因借"，只凭借单体建筑与单体建筑的组合，运用纵深错落的空间庭院，组织出丰富多变的群体景区。在左侧三分之二地段内布置一条主轴线，靠右旁毗邻着一些错位排列的，纵横长短大小不同的三个小庭院，这些庭院又以游廊、花墙联结，绕过书斋的月门可步入开阔的大花园，园中适度地布置了亭榭、草堂、山石、水池，沿围墙一圈设回廊，东西南北对景线上都设有亭、阁相应。园内林木、修竹、花圃、石桌、石凳、石台阶都安排得体，层次清晰而富有节奏感，构成一幅意境幽美的风景画卷。

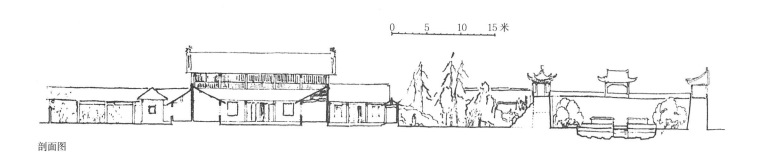

剖面图

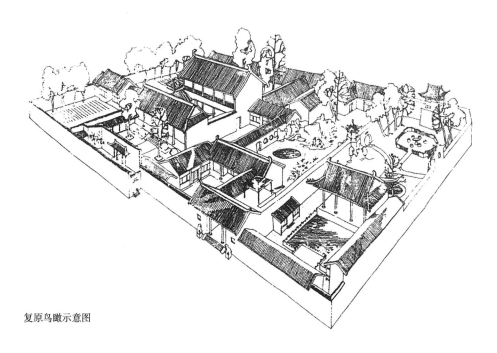

复原鸟瞰示意图

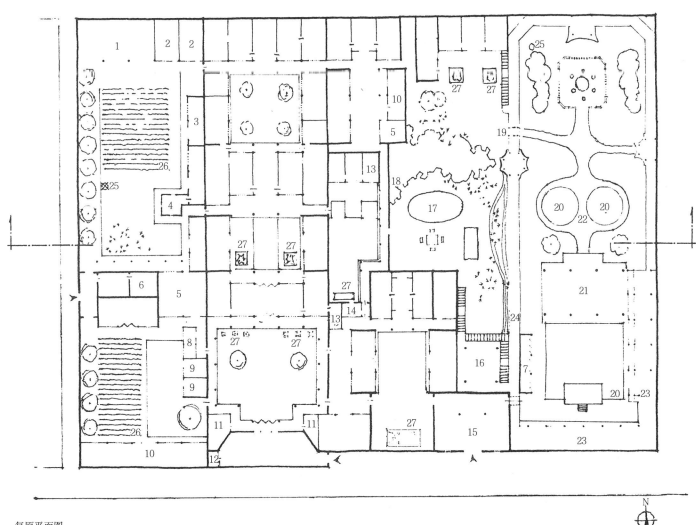

复原平面图

1	砖瓦泥木作坊	10	贮藏	19	门洞
2	管账住房	11	传达	20	鱼池
3	磨坊	12	厕所	21	草堂
4	粮仓	13	书斋	22	小桥
5	厨房	14	打更住房	23	阁楼
6	猪圈	15	轿厅及门房	24	廊
7	花房	16	草亭	25	水井
8	工人住房	17	水池	26	菜地
9	账房	18	山洞	27	花坛

实例 20 略阳刘宅

　　刘宅位于山旁谷地，坐北朝南，共五个开间。它具有典型的陕南民居风格，石砌勒脚，土坯墙砖包角，阁楼构架外露，檐部有翘曲状挑梁，出檐深远。

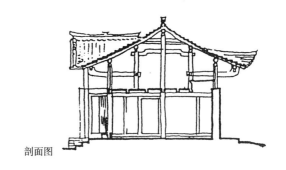

剖面图

东立面图

平面图

透视图

实例 21 旬阳季家坪杨宅

杨宅建在山坡上，利用地形的坡度正房居高布置，进入院子，通过石阶到正房，正房与厢房地面高差 1.5～2.0 米。有三个平面的院子，都有直接通套院的门，窄长的套院把三个院子联成整体。

庭院透视图

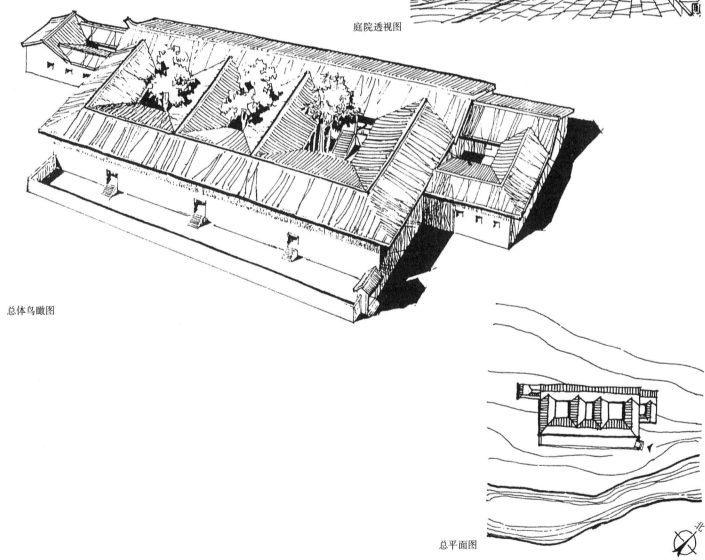
总体鸟瞰图

总平面图

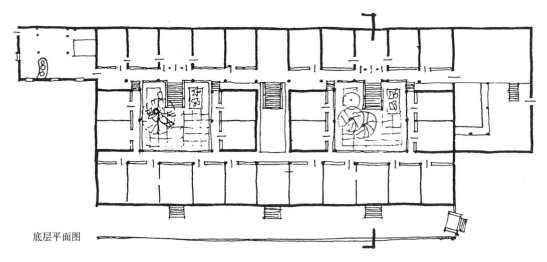

底层平面图

0　　　　5　　　　10 米

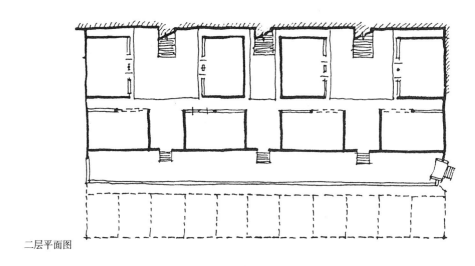

二层平面图

剖面图

0　　　　　5 米

176　陕西民居

实例 22　陕南略阳张宅

该宅不设倒座，大门开在一侧，外院与内庭以过厅分隔，平面布局适合于老少三代分开使用。

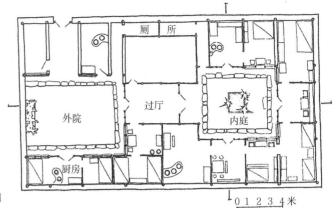

平面图

纵剖面图

横剖面图

实例23　陕南略阳县陈宅

　　大门开在前院的一侧，使之更具备私密性的要求。
前院围墙做成曲折的，丰富了前庭空间。杂院设在一侧。

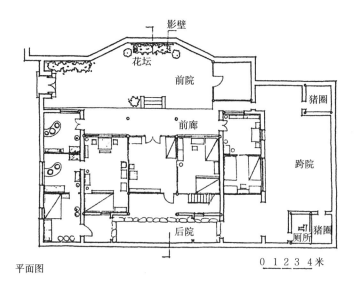

平面图

0 1 2 3 4 米

庭院立面图

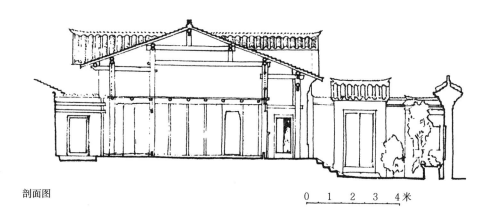

剖面图

0 1 2 3 4 米

实例 24　安康城关顾宅

　　顾宅建于民国十年，位于城关北大街北城门口。西端三开间门面临北大街。顾宅原主人为湖北商贾，因此它的大门入口、屋脊、脊吻都具有湖北风恪。西侧两进院落作为经商之用，东侧两进院落作为居住。西侧的两个庭院上部有天窗屋顶，实际上是两个中庭，通高两层，二层沿中庭四周设跑马廊。中庭作为商业批发交易中过秤的地方。

入口立面图

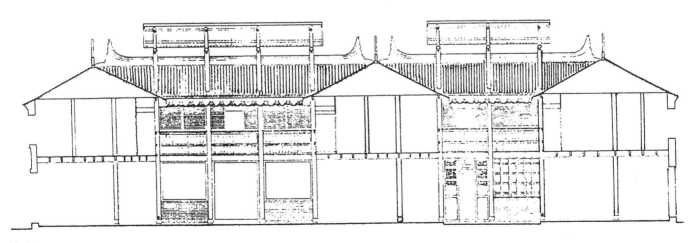

剖面图

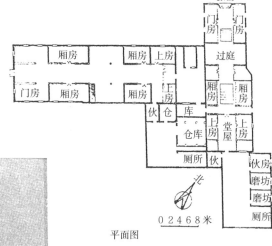

平面图

入口透视图

180 陕西民居

实例 25　陕南安康张宅

　　该宅是安康典型的三合院农宅，入口大门的檐部出挑形式具有普遍性。立面山墙面上的方形花格漏窗打破了实墙面的沉闷感，恰到好处。

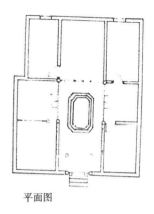

平面图

透视图

剖面图

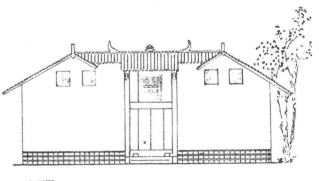

立面图

实例 26　陕南安康城关新城张宅

　　张宅大门的南面原有店面房，店面拆除之后修建了此大门，与原有的建筑浑然一体，完美无疵。

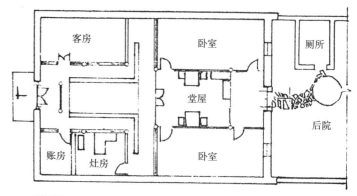

平面图

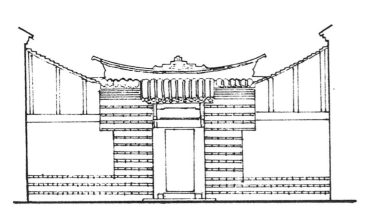

立面图

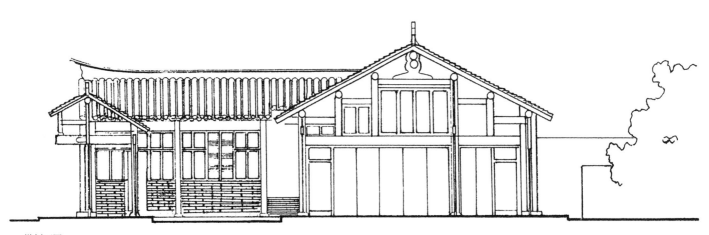

纵剖面图

实例 27　略阳程宅

　　程宅位于略阳城关东边，用地不规则，平面布局十分紧凑。大门入口适当后退转 45°，使门口有设置台阶的余地，后退之后在楼梯间之前形成三角形的小空间作为过厅。庭院的南墙面上饰有影壁，位于堂屋与主卧室的中轴线上作为对景。堂屋及主卧室均朝南。

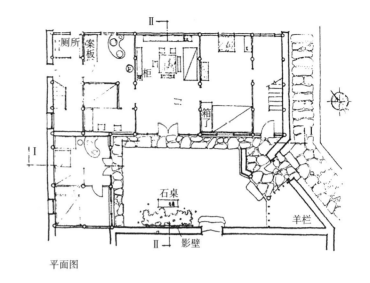

平面图

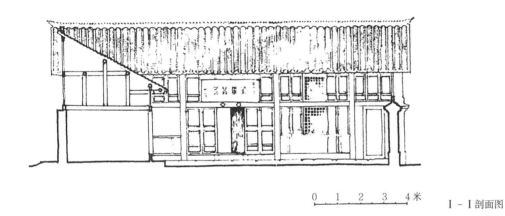

0　1　2　3　4米　　　Ⅰ－Ⅰ剖面图

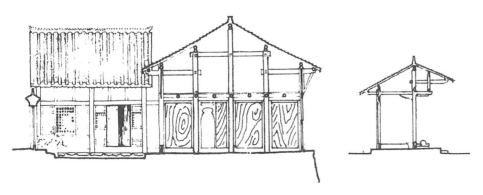

Ⅱ－Ⅱ剖面图

实例 28 陕南略阳县李宅

　　本宅是典型的略阳山区农宅，平面以两开间居多，立面造型是上轻下重、层层缩进，木构架外露，檐口出挑深远。

西北立面图

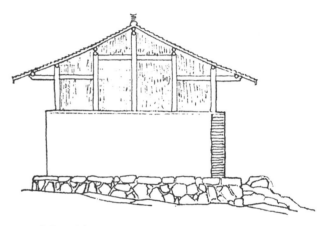

东北立面图

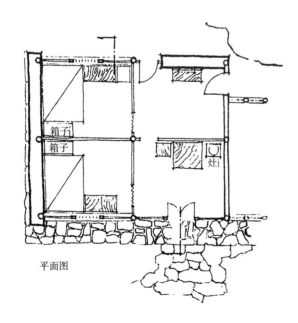

平面图

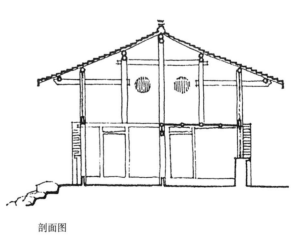

剖面图

0　1　2　3　4　5米

实例 29　陕南略阳某酒店及山区民宅

酒店西南立面图

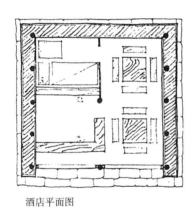

酒店平面图

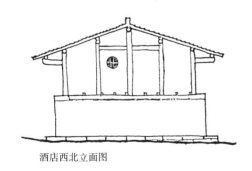

酒店西北立面图

0　1　2　3　4　5米

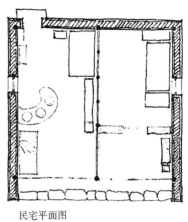

民宅平面图

民宅东南立面图

民宅西南立面图

实例30　神木李宅

该宅的布局形式在神木及附近地区颇为典型。五间正房中间三间作为正厅，主人卧室在正厅两侧用木隔断与之分隔。正房进深较大，前面设廊，柱头及檐廊的木雕装修都很精细。正房两侧各有两间耳房，耳房前有一小前庭，设角门与主庭院相通。庭院两侧东西厢房各设房间为晚辈居住。临街五间坐南朝北的倒座作为客房和书房，倒座两边一边为宅门，一边为厕所及柴房。整栋住宅的布局十分严谨。

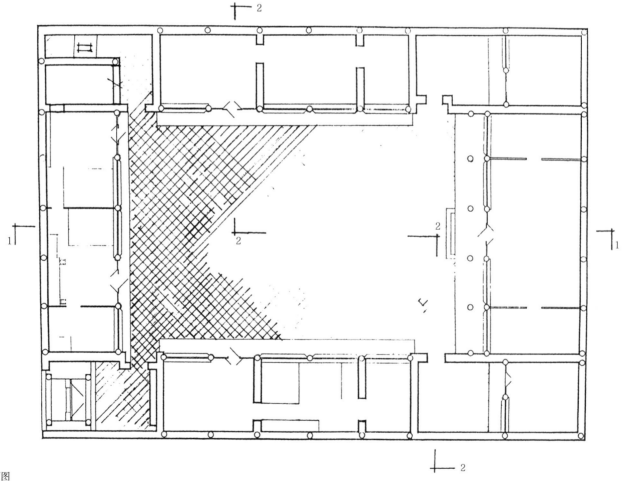

平面图

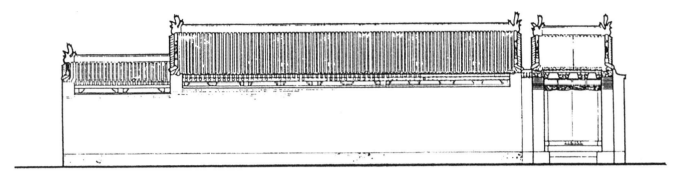

沿街立面图

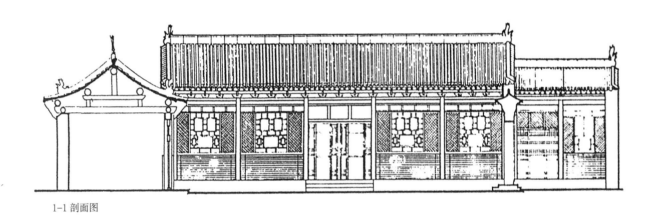

1-1 剖面图

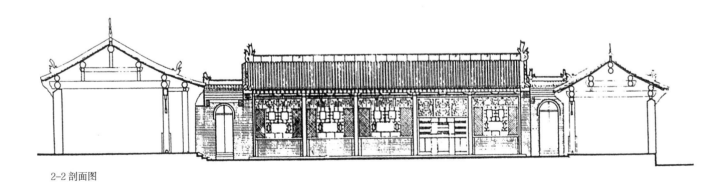

2-2 剖面图

实例 31 神木武宅

　　该宅为四合院布局形式，庭院呈扁长方形近似方形。正房 8 个开间，兄弟两房各占一半，作为正厅和主人的卧室。东西厢房和倒座分别为晚辈的卧室及辅助用房。厢房与正房距离较大，有利于正房的采光和日照。

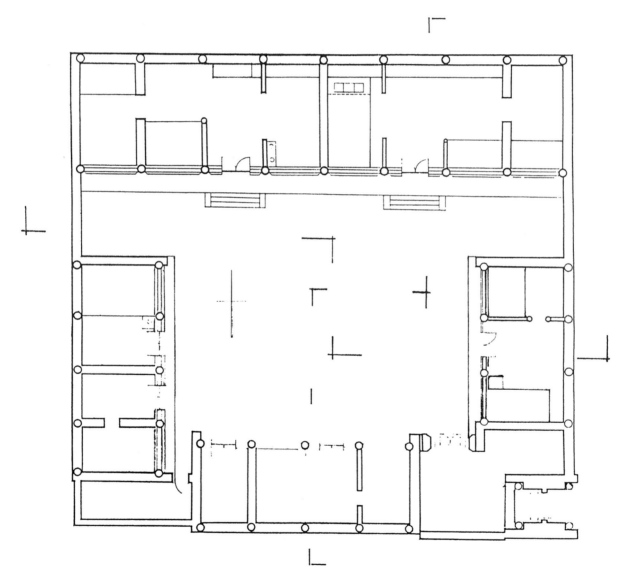

平面图

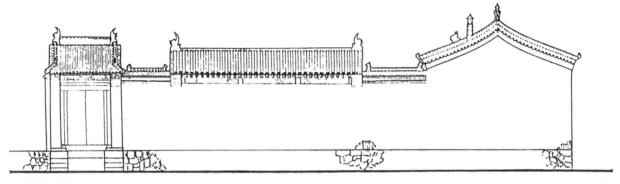

沿街立面图

横剖面图

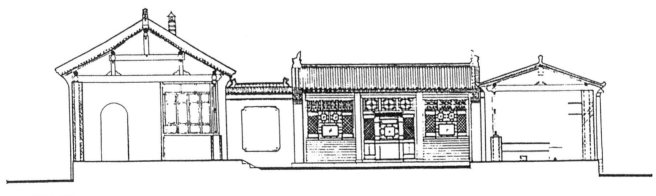

纵剖面图

实例 32 榆林郭宅

该宅为并联式双套院布局形式。宅基地在路南。东院为正院，主人居住，院落宽敞，后排正房中间三间作为正厅，左右为居室。正院房间尺度较大，装修标准也较高。西院为副院，院落较狭长，主要作为辅助用房及佣人居住。

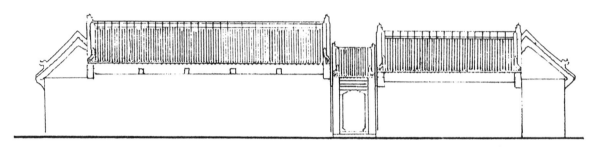

沿街立面图

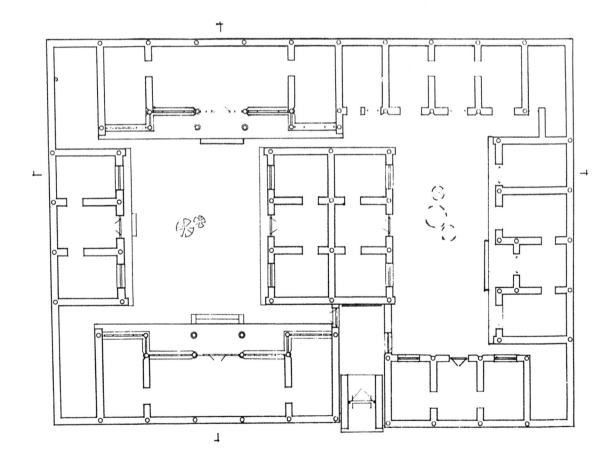

平面图

正房立面图

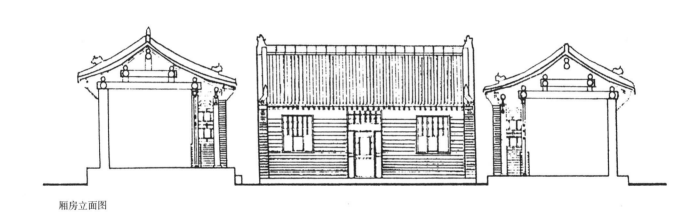

厢房立面图

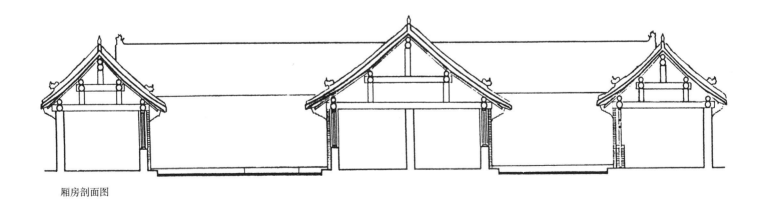

厢房剖面图

编后语

中国民居建筑历史传统悠久，在漫长的发展过程中，受地域、气候、环境、经济的发展和生活的变化等因素的影响，形成了各具风格的村镇布局和民居类型，并积累了丰富的修建经验和设计手法。

中华人民共和国成立后，我国建筑专家将历史建筑研究的着眼点从"官式"建筑转向民居的调查研究，开始在各地开启民居调查工作，并对民居的优秀、典型的实例和处理手法做了细致的观察和记录。在20世纪80年代~90年代，我社将中国民居专家聚拢在一起，由我社杨谷生副总编负责策划组织工作，各地民居专家对比较具有代表性的十个地区民居进行详尽的考察、记录和整理，经过前期资料的积累和后期的增加、补充，出版了我国第一套民居系列图书。其内容详实、测绘精细，从村镇布局、建筑与地形的结合、平面与空间的处理、体型面貌、建筑构架、装饰及细部、民居实例等不同的层面进行详尽整理，从民居营建技术的角度系统而专业地呈现了中国民居的显著特点，成为我国首批出版的传统民居调研成果。丛书从组织策划到封面设计、书籍装帧、插画设计、封面题字等均为出版和建筑领域的专家，是大家智慧之集成。该套书一经出版便得到了建筑领域的高度认可，并在当时获得了全国优秀科技图书一等奖。

此套民居图书的首次出版，可以说影响了一代人，其作者均来自各地建筑设计研究机构，他们不但是民居建筑研究专家，也是画家、艺术家。他们具备厚重的建筑专业知识和扎实的绘图功底，是新中国第一代民居专家，并在此后培养了无数新生力量，为中国民居的研究领域做出了重大的贡献。当时的作者较多已经成为当今民居领域的研究专家，如傅熹年、陆元鼎、孙大章、陆琦等都参与了该套书的调研和编写工作。

我国改革开放以来，我国的城市化建设发生了重大的飞跃，尤其是进入21世纪，城市化的快速发展波及祖国各地。为了追随快速发展的现代化建设，同时也随着广大人民生活水平的提高，群众迫切地需要改善居住条件，较多的传统民居建筑已经在现代化的普及中逐渐消亡。取而代之的是四处林立的冰冷的混凝土建筑。祖国千百年来的民居营建技艺也随着建筑的消亡而逐渐失传。较多的专家都感悟到：由于保护的不善、人们的不重视和过度的追求现代化等原因，很多的传统民居实体已不存在，或者只留下了残破的墙体或者地基，同时对于传统民居类型的确定和梳理也产生了较大的困难。

适逢国家对中国历史遗存建筑的保护和重视，结合近几年国家下发的各种规划性政策文件，尤其是在"十九大"报告和国家颁布的各种政策中，均强调要实施乡村振兴战略，实施中华优秀传统文化发展工程。由此，我们清楚地认识到，中国传统建筑文化在当今的建筑可持续发展中具有十分重要的作用，它的传承和发展是一项长期且可持续的工程。作为出版传媒单位，我们有必要将中国优秀的建筑文化传承下去。尤其在当下，乡村复兴逐渐成为乡村振兴战略的一部分，如何避免千篇一律的城市化发展，如何建设符合当地生态系统，尊重自然、人文、社会环境的民居建筑，不但是建筑师需要考虑的问题，也是我们建筑文化传播者需要去挖掘、传播的首要事情。

因此，我社计划将这套已属绝版的图书进行重新整理出版，使整套民居建筑专家的第一手民居测绘资料，以一种新的面貌呈现在读者面前。某些省份由于在发展的过程中区位发生了变化，故再版图书中将其中的地区图做了部分调整和精减。本套书的重新整理出版，再现了第一代民居研究专家的精细测绘和分析图纸。面对早期民居资料遗存较少的问题，为中国民居研究领域贡献了更多的参考。重新开启封存已久的首批民居研究资料，相信其定会再度掀起专业建筑测绘热潮。

传播传统建筑文化，传承传统建筑建造技艺，将无形化为有形，传统将会持续而久远地流传。

中国建筑工业出版社

2017 年 12 月

图书在版编目（CIP）数据

陕西民居 /《陕西民居》编写组，张璧田，刘振亚主编 . —北京：中国建筑工业
出版社，2017.10

（中国传统民居系列图册）

ISBN 978-7-112-21023-7

Ⅰ.①陕… Ⅱ.①陕… ②张… ③刘… Ⅲ.①民居—建筑艺术—陕西—图
集 Ⅳ.①TU241.5-64

中国版本图书馆 CIP 数据核字（2017）第 173939 号

本书首先阐述了陕西省社会发展历史和关中地区、陕南地区及陕北地区不同的自然概况、建
筑材料资源及其对当地民居建筑发展的影响。继之，书中分别对上述三个地区民居建筑的布局、
平面空间组织、建筑造型、结构构造和装饰装修分别做了系统地介绍，书中最后附有各地民居实
例32个。本书适用于建筑、民居研究专家、学者和在校师生阅读使用。

责任编辑：孙　硕　唐　旭　张　华　李东禧
封面设计：赵子宽
封面题字：曾　仁
版式设计：伍传鑫
责任校对：王　烨　关　健

中国传统民居系列图册

陕西民居

《陕西民居》编写组

张璧田　刘振亚　主编

*

中国建筑工业出版社出版、发行（北京海淀三里河路9号）

各地新华书店、建筑书店经销

北京京点图文设计有限公司制版

北京中科印刷有限公司印刷

*

开本：787×1092毫米　1/12　印张：17　插页：1　字数：302千字

2018年1月第一版　2018年1月第一次印刷

定价：60.00元

ISBN 978-7-112-21023-7

（30630）